JN238897

しくみ図解

電池のすべてが一番わかる

▶高性能化する乾電池・充電池から
注目の燃料電池・太陽電池まで▶

福田京平 著

技術評論社

はじめに

　電池の歴史は1800年に生まれたボルタ電池から始まります。その後、現在に至るまで200年余の間着実に進歩を遂げてきました。鉛蓄電池の原型は1859年にフランス人のガストン・プランテにより発明されましたが今もなおほとんどの自動車に搭載されています。
　電池は使い捨ての一次電池と繰り返し使える二次電池に分けることができます。
　一次電池が市場に登場したことによって、オーディオプレーヤーをはじめ様々な小型機器が商用電源のケーブルから開放され、歩きながら音楽が楽しめるなど従来とは異なった様々な場面で利用できるようになりました。
　1990年代の終わりになると、次第に二次電池の比率が大きくなります。このころノートパソコン、携帯電話、デジカメが市場に現れ、情報機器のモバイル化が大きな潮流となりました。さらにスマートフォン、各種情報端末が出現し電池へのニーズはますます高まりました。1991年にソニーから製品化されたリチウムイオン電池はこれらの期待に応える商品でした。電池技術の支えがあってこそ現在のモバイル時代を迎えることができたと言えるでしょう。リチウム電池の高性能化と低価格化が進みました。電池は人々の生活を快適に、便利にするのに大いに役立ちました。
　これから先はどうなるのでしょうか。未来の姿はすでに見えています。電気自動車、太陽電池、燃料電池、大規模蓄電装置などです。これらの特徴は今までの電池の用途に比べると格段に大きなシステムだということです。しかも、自動車、電力等の私たちの生活のインフラを支える技術です。この状況でとりわけ、リチウムイオン電池の発展と太陽電池の低コスト化、燃料電池の実用化には大きな期待が寄せられています。
　これから先、電池は、生活を便利にするものであった時代から、インフラを支えるものに変遷していきます。
　本書は電池に関する理解が深められるように、化学や物理の基礎事項からわかりやすく説明しています。個々の電池については、仕組み、特徴のほかに、誕生の背景、発展の経緯、市場、用途等についても触れるようにしています。新しい電池については将来の姿、課題などがわかるように記述しました。できるだけ幅広く電池を取り上げていますが、現在の市場が小さくても将来が期待される電池は詳しく扱っています。
　電池に関心を持たれている様々な分野の方に読んでいただけるように、本書を執筆いたしました。少しでも皆様のお役に立てれば望外の喜びです。

2013年8月　著者

電池のすべてが一番わかる
――高性能化する乾電池・充電池から注目の燃料電池や太陽電池まで――
目次

はじめに …………3

第1章 電池の基本 …………9
- 1-1 電池が社会を変え、社会は電池を変える …………10
- 1-2 電池市場の現状 …………14
- 1-3 リチウムイオン電池が今後の主役 …………16
- 1-4 EVと蓄電システムの長期見通し …………18
- 1-5 電池の分類 …………20
- 1-6 電池の基本性能項目 …………22
- 1-7 電池の歴史 …………26
- 1-8 ボルタ電池 …………28
- 1-9 ダニエル電池とルクランシェ電池 …………30

第2章 電池の化学 …………33
- 2-1 原子の構造とイオン …………34
- 2-2 電池のしくみ〜酸化・還元反応 …………36
- 2-3 電池の容量と活物質の量 …………38
- 2-4 物質の化学エネルギー〜ギブズエネルギー …………40
- 2-5 標準電極電位と電池の起電力 …………42
- 2-6 起電力を下げる分極 …………46

CONTENTS

2-7 出力・入力を大きくする方法 ……………48
2-8 電解質と周辺部品 ……………50

第3章 一次電池 ……………53

3-1 一次電池市場と一次電池分類法 ……………54
3-2 もっとも身近な電池・乾電池 ……………56
3-3 ボタン電池 ……………60
3-4 マンガン乾電池 ……………64
3-5 アルカリ乾電池 ……………66
3-6 ニッケル系一次電池 ……………72
3-7 酸化銀電池 ……………74
3-8 空気亜鉛電池とその他の空気電池 ……………76
3-9 リチウム一次電池 ……………80
3-10 二酸化マンガンリチウム電池 ……………84
3-11 フッ化黒鉛リチウム電池 ……………86
3-12 塩化チオニルリチウム電池 ……………88
3-13 その他のリチウム一次電池 ……………90
3-14 見なれない電池 ……………92
3-15 研究段階の物理電池 ……………94

第4章 二次電池 ……………97

4-1 二次電池の種類としくみ ……………98
4-2 二次電池の放電と充電のしくみ ……………100
4-3 さまざまな充電方法 ……………102
4-4 鉛蓄電池 ……………104

4-5　ニカド電池　……………110
4-6　ニッケル水素電池　……………112
4-7　リチウムイオン電池の歴史と市場　……………118
4-8　リチウムイオン電池の構造としくみ　……………120
4-9　リチウムイオン電池の各部材　……………126
4-10　SCiB電池　……………128
4-11　リチウムイオンポリマー電池、全固体電池　……………130
4-12　金属リチウム二次電池　……………132
4-13　ナトリウム硫黄電池　……………134
4-14　レドックス・フロー電池　……………136
4-15　電気二重層キャパシター　……………138
4-16　研究段階の二次電池　……………142
4-17　非接触充電　……………146

第5章　燃料電池　……………149

5-1　燃料電池の歴史としくみ　……………150
5-2　燃料電池の基本特性　……………152
5-3　水素の製造・貯蔵・流通・販売　……………154
5-4　燃料電池の用途　……………156
5-5　燃料電池の特徴と分類　……………158
5-6　アルカリ型燃料電池　……………160
5-7　リン酸型燃料電池　……………162
5-8　溶融炭酸塩型燃料電池　……………165
5-9　固体酸化物型燃料電池　……………167
5-10　固体高分子型燃料電池　……………170
5-11　エネファーム　……………174
5-12　燃料電池自動車　……………176

CONTENTS

5-13　バイオ燃料電池 …………178

第6章　太陽電池 …………179

- 6-1　太陽電池の特徴と歴史 …………180
- 6-2　世界の太陽電池市場 …………182
- 6-3　国内の太陽電池市場 …………184
- 6-4　太陽光発電システム …………186
- 6-5　設置条件と発電量 …………188
- 6-6　n型半導体とp型半導体 …………190
- 6-7　pn接合と発電 …………192
- 6-8　吸収係数と膜厚 …………195
- 6-9　太陽電池の分類 …………196
- 6-10　各種太陽電池の変換効率 …………198
- 6-11　太陽電池の電気特性項目 …………200
- 6-12　集光型太陽電池 …………202
- 6-13　シリコン系太陽電池 …………204
- 6-14　化合物半導体系太陽電池 …………208
- 6-15　有機系太陽電池 …………210
- 6-16　量子ドット型太陽電池 …………212

第7章　電気自動車用電池と周辺技術 …………215

- 7-1　電気自動車の種類 …………216
- 7-2　電気自動車の歴史と今後の市場 …………218
- 7-3　電気自動車時代を切り開いたプリウス、リーフ、i-MiEV …………221

CONTENTS

- 7-4　電気自動車のエネルギー効率 …………224
- 7-5　電気自動車のしくみ …………226
- 7-6　ハイブリッド車のしくみ …………230
- 7-7　プラグインハイブリッド車のしくみ …………234
- 7-8　バッテリーマネージメントシステム …………238
- 7-9　電気自動車用電池の現状 …………240
- 7-10　車用電池メーカーと得意分野 …………242
- 7-11　充電方法と充電スポット …………244
- 7-12　ワイヤレス充電 …………246

Column

- あまり見かけない電池 …………58
- ボタン電池の誤飲 …………62
- アルカリ乾電池で自動車のセルは動かせるか？ …………71
- パナソニックの電池事業 …………117
- リチウム空気電池の取り組み …………144
- ナトリウムイオン電池の研究 …………145
- リン酸型燃料電池トップメーカー〜富士電機 …………164
- 化合物半導体の多接合型太陽電池への適用 …………209
- 量子ドット太陽電池の研究状況 …………213
- ボーイング787機搭載のリチウムイオン電池の発火 …………239
- CHAdeMOとコンボの規格争い …………245
- 公共交通用電動バスとワイヤレス充電の研究 …………247

- 参考文献 …………249
- 索引 …………250

第1章

電池の基本

ボルタ電池が生まれたのは200年余前の1800年のことです。電池は懐中電灯、ポータブルラジオ、携帯電話等私たちの生活を大きく変えながら進歩してきました。特に2011年3月の東日本大震災では商用電源だけに依存する生活のもろさを痛感させられました。一方で電池は今までとは異なった、電気自動車や電力貯蔵など大規模の蓄電器としての応用も期待されています。電池の現在、および今後の市場について述べます。さらに、電池の仕組みを理解するための物質の構造・種類、電池の分類、電池の説明書に記載されている性能項目、歴史上大きな役目を果たした電池の紹介など基本的な事柄について説明します。

1-1 電池が社会を変え、社会は電池を変える

　私たちの身の回りには様々な電気製品が満ち溢れています。電気のない社会は想像することもできません。しかし、電気の技術が急速に進歩し始めたのはほんの200年ほど前のことです。電気製品を見回すと、電気の源には、2種類あることがわかります。ひとつは発電所からの電気、もうひとつは電池からの電気です。今まではどちらかというと、発電所からの電気が圧倒的に多数を占めていました。では、電気が生まれ始めた200年ほど前はどうだったのでしょうか。実は最初電気が利用されたのは電池からでした。

●電池の誕生

　1791年にイタリヤのガルバーニがカエルの足を痙攣させた一連の実験結果を発表したときから電池の歴史が始まります。1800年にイタリヤのボルタは世界最初の電池を作りました。そして、1836年にイギリスのダニエルが世界最初の実用的な電池を発明します。電灯や無線通信機もない時代で、電池はいったい何に使われたのでしょうか。

　電池はめっきという大きな需要に支えられながら進歩していきます。1805年にイタリヤのブルニャテッリがボルタ電池を使って、電気めっき法を発明しました。1840年にイギリスのライトはめっき工場を作り、電気めっきが世界に広まります。1909年に懐中電灯が生まれました。

　一方発電所の電気はどうだったのでしょうか。1831年にファラデーが電磁誘導の現象を発見し、1866年にシーメンスが発電機を開発し、1882年にはアメリカで世界最初の発電所が建設されました。その後、電力網は著しく進歩し基本的なインフラに成長します。

　発電所の電気に比べると、電池市場は少し遅れをとりました。本格的な電池の普及はマンガン乾電池からです。1950年代からポータブルラジオをはじめ、いわゆるポータブル家電の普及に伴い電池のニーズも増えました。現在は電池が欠かせない社会となりました。

●身の回りの電池

　私たちの周りには様々な電池があります。機器に組み込まれ、目に触れない電池もあります。この数年で電池によって大きな改良を遂げた機器をみてみましょう。この中には2011年3月の東日本大震災の経験から生まれた商品もあります。

・携帯電話・スマートフォン

　携帯電話は電子技術、ディスプレイ技術の進歩に支えられ、小型・軽量、省電力が実現されましたが、電池技術も非常に大きな役割を果たしました。しかし、電池性能についてはまだユーザーの要求を十分に満たしているとはいえません。携帯電話は新機種の発売サイクルが短く、ユーザーによっては電池性能の劣化が、買い替えのきっかけになることもあります。特にスマートフォンのバッテリー持続時間は非常に短く、電池の高性能化はセキュリティ問題、通信速度の向上と並ぶ重要な課題です。逆に、高性能電池を開発することができれば市場で有利な立場に立てることを意味しています。

・ノートパソコン、Ultrabook

　ノートパソコンも、電池技術によって大きな改良がなされた分野といえるでしょう。特にインテルが提唱するUltrabookは非常に薄く、バッテリー駆動時間が5時間以上、推奨8時間以上とされており、外出先でも不自由なく使えることを目指したパソコンです。電池の進歩がなければ実現できなかったでしょう。デル社の14インチ液晶画面を搭載した「XSP 14」のバッテリー駆動時間は最長クラスの約11時間30分を実現しました（図1-1-1）。

図1-1-1　Ultrabook XSP14（デル）

・充電式テレビ

　東芝は、2011年7月充電式液晶テレビを商品化しました（図1-1-2）。19型という大画面での充電式テレビは世界で最初です。電力使用ピーク時の節電を目的とした商品です。約5時間の充電で約3時間視聴できます。「節電モード」

を併用すれば、4時間に延びます。「夜間充電モード」では昼間の時間帯は充電せず、電力需要が少ない夜間の時間帯に充電を行います。

・**充電機能つき扇風機**

　直径30cmファンでありながら、充電可能な扇風機が商品化されました。数社から提供されていますが、ここでは東芝ホームテクノ「SILENT+F-DLP300」(図1-1-3) について紹介します。この製品は充電用バッテリーを搭載し、ピークシフト運転ができます。電気使用量の少ない夜間にAC電源から充電し、電力使用量の多くなる午後1時から3時の間には、AC電源からの供給を自動でストップし、バッテリー電源に切り換えて運転することができます。充電時間は約6時間で、最大約17時間使用可能です。

・**充電式LED電球**

　ラブロスから充電機能つきLED電球が発売されています（図1-1-4）。LED懐中電灯と異なり、20W白熱電球相当と非常に高輝度です。通常は商用電源で点灯し、非常時にはソケットから外し懐中電灯として使うことができます。リチウムイオン電池が内蔵され、充電時間は約6時間、点灯時間は約3時間、約300回の充電が可能です。しかし、電池の交換はできないので、電池寿命後は商用電源で点灯するだけになります。

・**LED懐中電灯・ランタン**

　省電力のLEDが開発され、懐中電灯は白熱電球から一気にLEDに置き換えられました。供給電源として使

図1-1-2　レグザ19型液晶テレビ19P2（東芝）

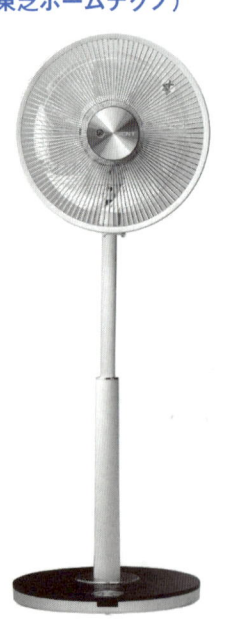

図1-1-3　充電式扇風機（東芝ホームテクノ）

図1-1-4　充電式LED電球（ラブロス）

い捨ての一次電池を使うもの、充電可能な二次電池を使うもの、太陽電池を備え昼間に発電させ二次電池に蓄えるもの（図1-1-5）などがあります。またある程度広い場所を照らせるようにしたランタン型もあります（図1-1-6）。

・**太陽電池**

福島第一原発の事故は原発が安全で低コストという神話を打ち砕き、今後は再生エネルギーの開発に注力しなければならないことを痛感させられました。再生エネルギー固定価格買取制度が始まり、なかでももっとも期待されているのが太陽電池です。

太陽発電による電力の買取価格は38円/kWh（2013年度）で、一方電力会社の家庭への売電価格は約23円で、まだ大きな開きがあります（表1-1-1）。しかし実質的には太陽光発電のコストは23円に近づいており、またNEDOのロードマップでは2020年には業務用電気料金の17円/kWhに並ぶと予想しています。太陽電池の最大の問題は発電が天候に依存し、夜には発電できないことです。今後まとまった蓄電システムを構築していかなければならないでしょう。

・**電気自動車**

ガソリン自動車は限られた資源である石油を消費すること、環境を破壊するCO_2などを排出するという問題があり、ハイブリッドカーを含めた電気自動車が注目を集めています。現在はガソリン車に比べて割高ですが、電池技術の改良に伴いコスト面でも有利に立てるようになるのはそれほど遠くないでしょう。

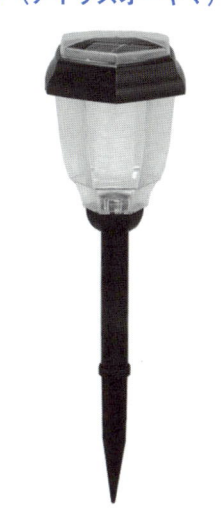

図 1-1-5　ソーラーライト（アイリスオーヤマ）

図 1-1-6　LED ランタン（コールマン）

表 1-1-1　2013年度電気料金買い取り価格（税込み額、ただし家庭用は非課税）

発電量	10kw以上	10kw未満
調達価格	37.8円	38円
調達期間	20年間	10年間

1-2 電池市場の現状

●電池市場推移

　ノートパソコン、携帯電話、スマートフォンの普及などにより、私たちの身の回りにはどんどん電池が増えています。この20～30年の間に電池市場がどのように拡大したか見てみましょう。太陽電池については6章で説明します。

　図1-2-1は電池の売り上げ数量の推移を表しています。2012年には1987年に比べて約1.3倍に増大していることがわかります。しかし2000年をピークに次第に減少しており、日ごろ感じている印象とは異なっています。この原因を調べるために、次に一次電池と二次電池の売上数量推移をみてみます（図1-2-2）。一次電池の売り上げ数量は2000年ごろをピークにして、むしろ減少しています。一方二次電池については2000年ごろと比べてそのような減少傾向はみられません。すなわち、一次電池は減少しているものの、二次電池は一定数を維持していることがわかります。

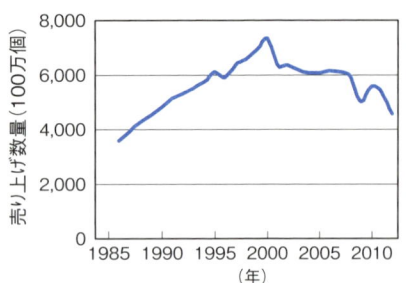

図1-2-1　電池の売り上げ推移（電池工業会HP）

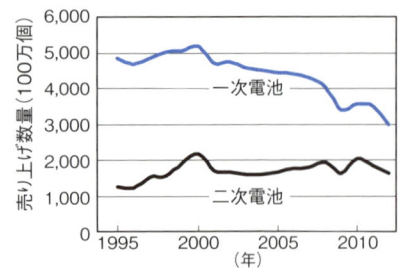

図1-2-2　一次電池、二次電池の売り上げ推移（電池工業会HP）

●一次電池種別の売り上げ推移

　一次電池の電池種ごとの売り上げ数量推移を図1-2-3に、2012年度の電池種別売り上げ数量の比率を円グラフにして図1-2-4に示します。1999年以降アルカリ電池がトップを占め、酸化銀

図 1-2-3　一次電池種別ごとの売り上げ数量推移（電池工業会HP）

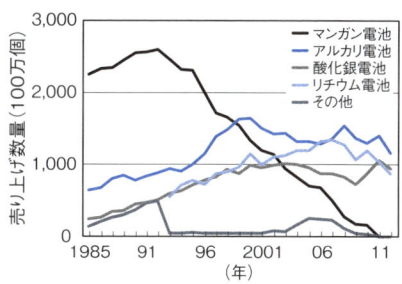

図 1-2-4　2012年一次電池種別売り上げ比率（電池工業会HP）

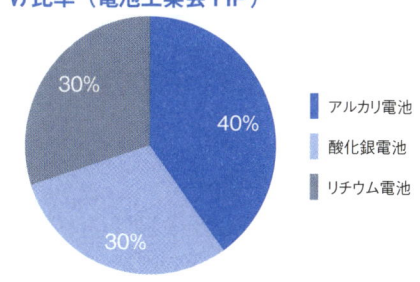

電池とリチウム電池が後を追っています。マンガン電池はほとんど市場から姿を消しているのが読み取れます。2012年度においては、アルカリ電池が40％、リチウム電池が30％、酸化銀電池が30％を占め、そのほかの電池はほとんど消えてしまいました。

●二次電池種別の売り上げ推移

　二次電池の電池種ごとの売り上げ数量推移を図1-2-5に、2011年の電池種別売上数量比率を円グラフにして図1-2-6に示しています。リチウムイオン電池が急激に伸びています。車用の鉛蓄電池は安定した売り上げ数量を維持しています。ニッケル水素電池はひところ急減しましたが、現在は一定数を確保しています。2011年度ではリチウムイオン電池が67％を占めています。

図 1-2-5　二次電池種別ごとの売り上げ数量推移（電池工業会HP）

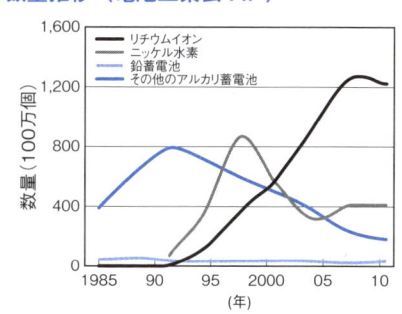

図 1-2-6　2011年二次電池種別売り上げ比率（電池工業会HP）

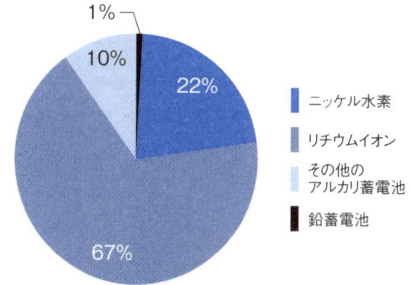

1-3 リチウムイオン電池が今後の主役

●市場推移と予測

　二次電池市場は今後しばらくリチウムイオン電池を中心に展開されると予想されます。他の二次電池がなくなってしまうのではなく、その特徴を生かしながら着実に市場を確保すると思われます。NEDOが描いている二次電池発展のロードマップを図1-3-1に示します。2030年位から革新的二次電池が登場すると予測しています。

　矢野経済研究所調べによるリチウムイオン電池のこの数年の市場推移および2015年までの予測を図1-3-2に示します。この数年着実に市場が伸びており、さらに今後は今までより伸びが大きくなっていることがわかります。2011年の全世界の市場規模は1兆1700億円に対して、2015年には2兆8800億円が見込まれ、年平均に換算すると、21.7％の成長率となります。特に車載用は今後大きな市場が見込まれ、2015年には9500億円になると予測しています。金額

図 1-3-2　リチウムイオン電池市場推移と今後の予測（矢野経済研究所調べ）

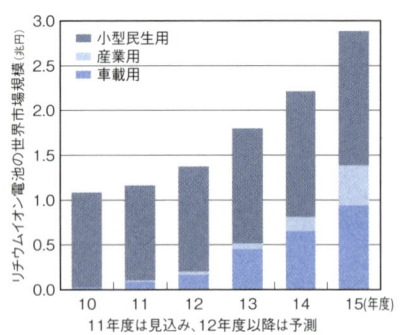

図 1-3-1　電池技術の移り変わり（NEDO 予測）

ベースでリチウムイオンの33％を車載用が占めることになります。もうひとつ注目すべきことは産業用途が急激に増大し始めていることです。

●日本、韓国、中国の三つ巴

一次電池では日本が非常に強い位置を占めてきました。しかしながらこれから大きな市場が予想される二次電池の分野では必ずしも安泰ではありません。現在最も激しい競争を展開しているリチウムイオン電池の2011年の国別シェアを図1-3-3に示します。リチウムイオン電池は日本で発明され、日本で最初に商品化され、2010年まで世界のトップでしたが、2011年に首位の座を韓国に明け渡し、さらに中国の厳しい追い上げにあっているのが現状です。

メーカー別シェアを図1-3-4に示します。メーカー別では日本のパナソニックが首位ですが、サムスンSDIとの差はわずか0.3％です。日本勢の中ではパナソニックがトップ、そのあとにソニー、日立マクセルエナジーが続きます。ただ、リチウムイオン電池の主要部材（正極剤、負極剤、セパレーター、電解液）については日本は強い位置を占めています。しかしこれらの部材においても中国、韓国の台頭はめざましいものがあります、日本は一時90％ほどのシェアを獲得したこともありましたが、2011年度にはついに50％を切り47％になりました。一方で中国は24％、韓国は21％と上昇しました。

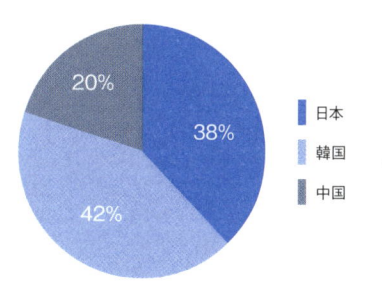

図1-3-3　2011年リチウムイオン電池国別シェア

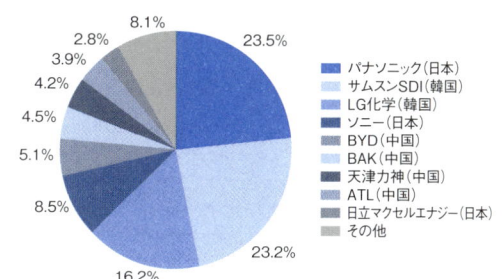

図1-3-4　2011年リチウムイオン電池メーカー別シェア（テクノシステムリサーチ）

1-4 EVと蓄電システムの長期見通し

● EV（電気自動車）用電池の性能とコストの見通し

　リチウムイオン電池は将来どのように進歩するのでしょうか、性能とコストの面からみてみましょう。NEDOは2010年に技術開発ロードマップ（BatteryRM2010）を発表しています。そのなかでEVについて次の予測を描いています。

・エネルギー密度の見通し

　2010年には100Wh/kgであったものが、2015年に150Wh/kg、2020年に250Wh/kg、2030年に500Wh/kgに改善されるとみています（図1-4-1）。現日産リーフと同じ重量の電池を積載すると仮定すると、航続距離は図1-4-2のように改善され、2020年には500kmに到達します。

・コストの見通し

　NEDOのロードマップによると、リチウムイオン電池のコストは2010年に100～200円/Whであったのが、2020年には20円/Wh、2030年には10円/Whに下がると予測しています。ただし2030年の10円/Whはリチウムイオン電池ではなく革新的二次電池が必要としています。

　搭載する電池容量をリーフと同じ24kWhと設定して電池価格を算出すると、2010年には240万円～480万円、2020年は48万円、2030年には24万円となり大幅に価格が下がる見通しです（図1-4-3）。図では2010年の価格を240～480万円の中位の360万円としています。

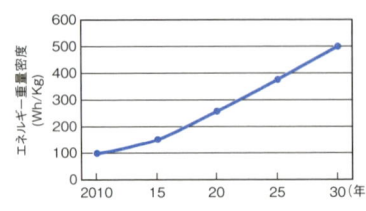

図1-4-1　リチウムイオン電池の性能予測（NEDO予測）

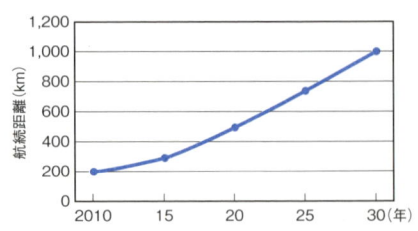

図1-4-2　EV車航続距離

図1-4-2の性能予測と図1-4-3のコスト予測を組み合わせると、2020年には現在のリーフと同じ電池重量で500km走行でき、そのときの電池価格は125万円ということになります。

● **産業、住宅用蓄電システム**

政府は2030年に5300万kWの太陽光発電の導入を見込んでいます。太陽光発電は再生可能エネルギーとして非常に期待されていますが、一方で出力が不安定なため太陽光による発電比率が大きくなると、①周波数が不安定になる、②末端で電圧が高くなる、③5月には余剰電力が発生するなどの問題が指摘されています。この問題を解決するには蓄電池を設置することがひとつの有力な方法です。また自立分散型発電システムを構築する上でも蓄電システムは不可欠です。

NEDOのロードマップでは、蓄電システムの本格的普及は2020年以降としており、検討対象に含まれていません。そこで独自に蓄電システムが将来採算がとれるかどうか考えてみます。

現在一般家庭で1日に消費する電気量は平均約12kWhです。この量の蓄電システムを設置すると仮定します。EV用電池での予測コストを流用すると、2020年に24万円、2030年には12万円となります。寿命を10年とし、毎日1回充放電を行うと、全サイクル数は365×10＝3650回となります。したがって1kWhあたりのコストは2020年に5.5円、2030年には2.8円となります。太陽光の発電コストの予測値と足し合わせ、現在の電気料金と比較すると表1-4-1のようになります。2020年代半ばに、業務用（夏季）の電気料金に並び、太陽光発電の普及に一段と弾みがつくと期待されます。

図 1-4-3　EV車用電池コスト予測（容量 24kWh）

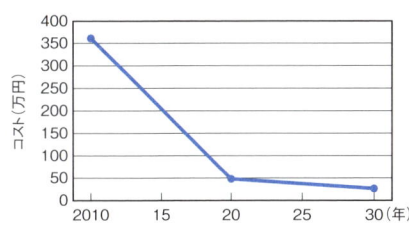

表 1-4-1　蓄電＋発電コスト予測（1kWhあたり）

	(蓄電池＋太陽光発電)	現電気料金	
		家庭用	業務用
2020年	20円	23円	14円
2030年	10円		

1-5 電池の分類

●電池とは何か

　身の回りにはさまざまな電池があります。乾電池、充電式電池、太陽電池等々、多くの種類があります。

　そもそも電池とは何なのでしょうか。乾電池は私たちにとってもっとも身近な電池です。昨今非常に注目を浴びている太陽電池も電池という語句が使われています。これらの例から、電池とは発電するものと定義するのがよさそうです。しかし大きな電力を生み出す発電所は電池とはいいません。この違いは何でしょうか。上にあげた装置では直流の電気を発生するのに対して、発電所では交流の電気を作り出します。このように考えていくと、**電池とは直流の電気を発生させる装置**と定義することができます。

●電池の分類

　数ある電池を分類します（図1-5-1）。大きく分けると、化学反応を利用して電気を作る化学電池、光や熱などの物理的作用で電気を作る物理電池、生物機能を利用した生物電池があります。乾電池、充電式電池など多くの電池が化学電池に属します。物理電池の代表は太陽電池ですが、そのほかに電気二重層キャパシターなどがあります。生物電池はバイオ電池とも呼ばれ、酵素や微生物の酸化、還元反応を利用して電気を発生させます。

　化学電池には、一度使い切ってしまうと廃棄する一次電池、充電することによって何度も使える二次電池があります。化学電池の一次電池にはアルカリ電池、酸化銀電池、リチウム電池がよく使われています。化学電池の二次電池はなんといってもリチウムイオン電池が主役です。自動車用の鉛蓄電池も化学電池の二次電池に属します。バッテリーという用語は単なる電池、二次電池、鉛蓄電池など使われる場面によって異なった意味で用いられます。

　さらに、燃料電池も化学電池に分類されます。水に電気を流すと電気分解によって酸素と水素が発生しますが、燃料電池のしくみは電気分解とは逆で、

酸素と水素を反応させることによって電気を生み出します。通常、酸素は空気中のものを使います。水素をどのように得るかによっていろいろな方法があります。

図 1-5-1　電池の分類

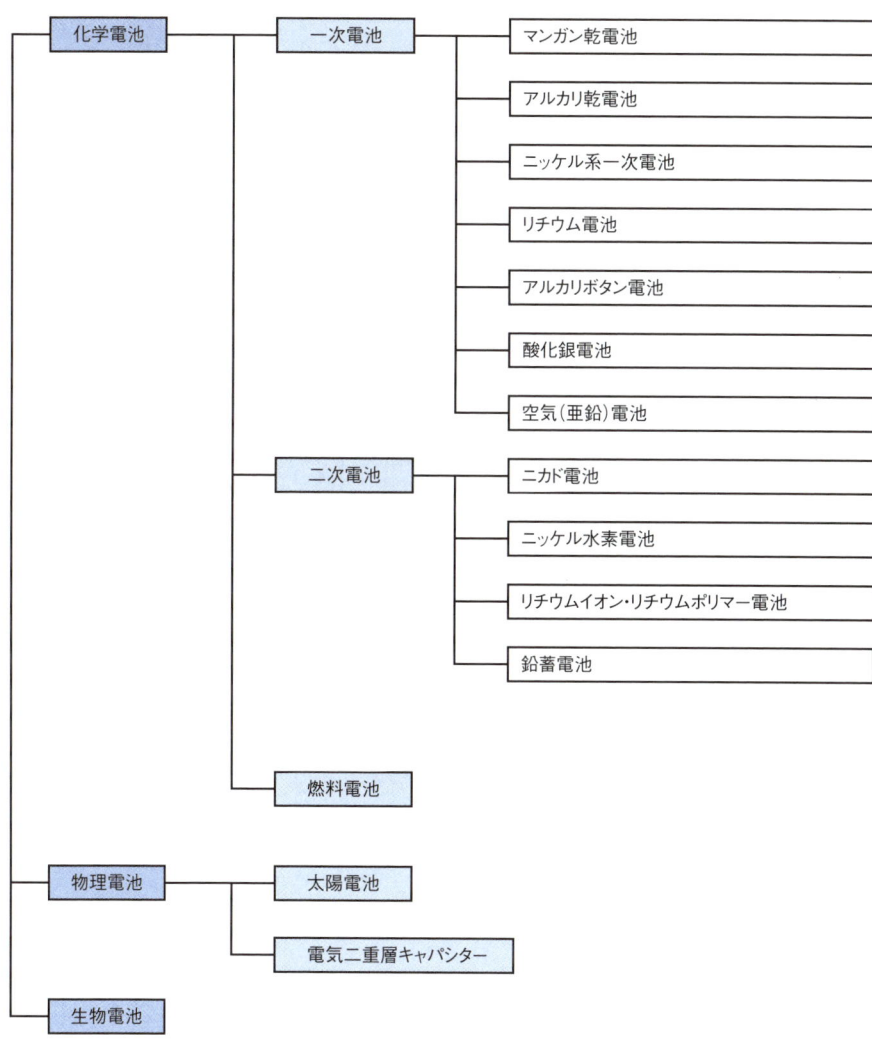

1-6 電池の基本性能項目

●基本的諸量

タンクに蓄えられた水が水車を回すことにたとえながら、電池の基本的な諸量について説明します（図1-6-1）。

水をくみあげるポンプの役目をするのが電池です。くみ上げられた水はタンクに蓄えられます。蓄えられた水は落下して水車を回すという仕事をします。電池では電球を灯すなど外部負荷に対して仕事をします。水に相当するのが電荷です。水が動くと水流になりますが、電荷が動くと電流になります。高いところにくみ上げるほど、水車には高い水圧がかかります。水圧に相当するのが電圧です。水車

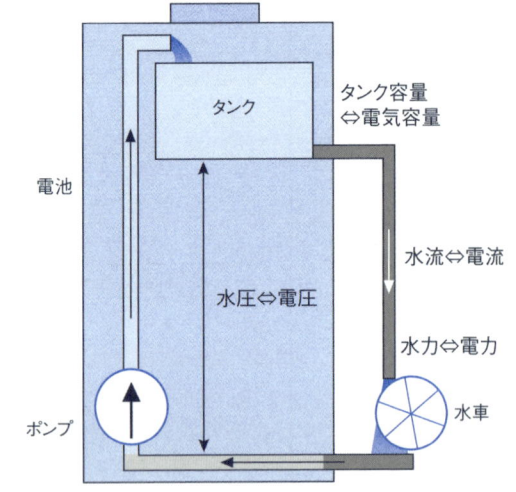

図1-6-1　電池の基本的な電気諸量

を回す力は水力ですが、電気の場合には電力いいます。タンクが高いところにあるほど、また水流が多いほど水力が強くなりますから、水力は水圧と水流の積になります。同じように、電力は電圧と電流の積になります。単位は、電圧はV（ボルト）、電流はA（アンペア）、電力はW（ワット）です。

●電圧に関する量

電圧に関する量には以下のようなものがあります

・**公称電圧**

通常使用するときの代表的な電圧で、電池の種類ごとに決まっています。

たとえばアルカリ電池であれば1.5Vです。
- **開放電圧**

　負荷をかけないときに電池の両端に発生する電圧で、起電力ともいいます。
- **終止電圧**

　電池は使用していると次第に電圧が減っていきます。電圧が終止電圧に達したときを寿命としています。ただ使用機器によっては終止電圧以下でも使えることもありますし、逆に終止電圧に達しなくても使えなくなる場合もあります。いろいろな機器を設計するときには、終止電圧に配慮を払わなければなりません。実際の使用時の電圧は、個々の電池、負荷のかけ方などによっても異なります。

●容量に関する量

- **電池容量**

　図1-6-1においてタンクの水がなくなるまで水車を回し続けることができます。タンクに蓄えられた水量に相当する量を電池容量といいます。タンクの水量は水流と時間の積になりますが、電池容量は電流と時間の積になります。電流容量、電気容量、あるいは単に容量ともいいます。単位はAh（アンペア・アワー）です。よくmAhで表示されます。例えば4Ah（4000m Ah）の容量の電池は、1Aの電流を4時間流し続けることができます。0.5Aであれば8時間流すことができます。しかし通常の電池は流れる電流と使用時間は反比例せず、電流が大きくなるに従い使用できる時間は短くなります。

　Ahは電荷の総量ですのでクーロン（C）と同一の単位です。1Ah=3600Cです。単位質量あたりの容量を質量容量密度、単位体積あたりの容量を体積容量密度といいます。
- **エネルギー容量**

　電池の容量をどれだけのエネルギーが蓄えられているかで表すことがあります。エネルギー容量、電力容量あるいは電力量といいます。タンクのたとえでいえばタンク容量に高さをかけたものが大きいほど水車に多くの仕事ができ、多くのエネルギーが蓄えられています。同様に電池のエネルギー容量とは電池容量に電圧をかけたものです。単位はAhにVをかけたもの、すなわちWhとなります。エネルギーの単位にはよくジュール（J）が使われます

が、WhとJの間には、1Wh=3600Jという関係があります。単位体積あたり、あるいは単位質量あたりのエネルギー容量を体積エネルギー容量密度あるいは質量エネルギー容量密度といいます。

・SOC

　State Of Chargeの頭文字をとったものです。満充電を100％としたときに、どれだけの割合が充電されているかを示しています。

●放電に関する量

・出力

　どれだけの電力を取り出せるかを示しています。たとえば30Wの出力であれば30Wの機器を動作させることができます。出力と容量は紛らわしいですが、出力は瞬間に出せる力、容量は総エネルギーに関する量で、電力（W）と電力量（Wh）の関係に相当します。単位体積あたり、あるいは単位質量あたりの出力を表すために出力密度という用語が使われます。

・放電レート

　放電特性の評価などのために一定の電流を流しますが、その際の電流のことです。満充電の状態で1Cの電流を1時間流すとすべて放電されます。0.1Cの放電とは1Cの電流の1/10の電流で放電することです。

・放電深度

　満充電に対してどれくらい放電するかをあらわしたものです。放電深度が100％というのはすべて使い切った状態です。100％の放電深度で使用すると寿命が極端に短くなります。普通は放電深度を70〜80％位で使用します。DOD（Depth Of Discharge）と表記されていることもあります。

●寿命に関する量

・サイクル寿命

　二次電池で使われる量で、充放電を何回繰り返すことができるかを表しています。二次電池は満充電、100％放電をするとサイクル寿命が劣化します。初期容量に対して、容量がある一定以下になったときの回数を寿命とします。

・カレンダー寿命

　二次電池で使われる量で、一定の充電状態で電池を放置すると、しだいに

電気化学変化によって劣化します。この時間をカレンダー寿命といいます。

・**放電曲線**

放電特性を表現するのに放電曲線がよく用いられます（図1-6-2）。一定電流Iを継続的に取り出したときの電圧変化を示しています。横軸に時間×電流とすることもあります。

図1-6-2　放電曲線

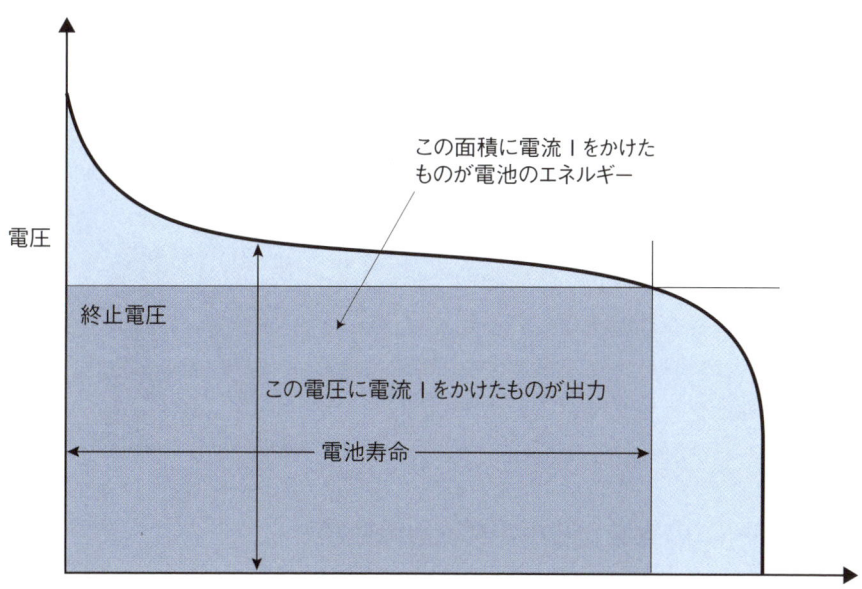

1-7 電池の歴史

●世界最初の電池はバグダッド電池?

1932年、ドイツ人の考古学者ヴィルヘルム・ケーニヒによって、バグダッドのホーヤットラップア遺跡で図1-7-1に示す高さ約10cm、直径約3cmの壺が発見されました。中には銅の円筒容器と鉄棒が差し込まれており、ケーニヒは電池として使われたものであるとの論文を発表しました。しかし同じような壺は各地で発見されており、発見場所および中に残されたものなどから、宗教的な祈祷文を入れたものとするなどいろいろな論が展開されており、かならずしも世界最初の電池と認められているわけではありません。

図1-7-1 バグダッド電池

●ガルバーニの実験からボルタ電池の発明

1780年にイタリヤのガルバーニは切断用と固定用の2種類のメスを用いてカエルの解剖実験をしているときに、カエルの足が痙攣することを発見しました。彼はこの電気を、うなぎなどにみられるような筋肉内で発生す電気と同じと考え、"動物電気"と名づけました。

ボルタは、ガルバーニの実験でカエルの足の痙攣は、"動物電気"によるものではなく、かえると2種類のメスによって、電解液と正極、負極が形成され、電気が作り出されたと主張し、二人の間で激しい論争が交わされました。ボルタは自説の正しさを示すために、自説に基づいてボルタ電池を発明します。

●19世紀から現在に至るまでの進歩

ボルタ電池の発明をきっかけとして電池の研究は急速に進歩します(表1-7-

1)。19世紀には現在も多く使われている様々な電池の原形が生み出されました。1887年に乾電池が発明されるまで、電池は湿電池といって電解液を液体のまま使用していました。乾電池は電解液を固体に染み込ませ、かつ全体を密閉構造にしたものです。湿電池は横向きに置けないなどいろいろな制約がありましたが、横向き、逆さ向きで使用でき、持ち運ぶときにも液がこぼれず使い勝手が非常に向上しました。

1900年には日本人の手によってリチウムイオン電池が生まれました。

表 1-7-1　電池の進歩の歴史

1780年	ガルバーニの実験
1800年	ボルタ電池の発明
1859年	フランスのプランテが鉛蓄電池を発明
1868年	マンガン乾電池の原型であるルクランシェ電池の発明
1883年	酸化銀電池の発明
1884年	水銀電池の発明
1887年	屋井先蔵がマンガン乾電池を発明
1894年	島津製作所島津源蔵（2代目社長）が国内最初の鉛蓄電池を開発
1899年	スウェーデンのユングナーがニカド電池の発明
1907年	フランスのフェリーが空気電池を発明
1917年	島津製作所の蓄電池工場が独立し、日本電池株式会社（現・ジーエス・ユアサコーポレーション）が設立
1959年	アメリカのエバレディー社がアルカリ電池を開発
1959年	アメリカのエバレディー社がボタン型酸化銀電池を商品化
1963年	日立マクセルがアルカリ乾電池の国内生産を開始
1990年	松下電器、サンヨー電気がニッケル水素電池の量産化
1990年	旭化成吉野明がリチウムイオン二次電池を発明し、ソニー・エナジー・テックが製品化
1997年	トヨタが世界最初の量産ハイブリッドカープリウスを販売
2010年	日産が電気自動車リーフを発売

1-8 ボルタ電池

●ボルタ電池のしくみ

1800年にボルタは世界最初の電池を発明しました（図1-8-1）。亜鉛と銅の金属円盤の間に塩水を浸した紙をはさむことによって1組のセルを形成し、これを数10層重ね大きな電圧を得ることができました（図1-8-2）。重ねた構造にしているので電堆ともいいます。ボルタはいろいろな金属を組み合わせて実験を行い、亜鉛と銀がもっとも効率が良いと考えていました。

ボルタ電池のしくみを、図1-8-3を用いて説明します。希硫酸の水溶液に亜鉛板と銅板が浸されています。亜鉛板と銅板は外部で豆電球などを介して導線で接続します。直接接続するとショートし危険ですので、このように抵抗体を介します。このような抵抗体を負荷といいます。

図 1-8-1　世界最初のボルタ電池（レプリカ）

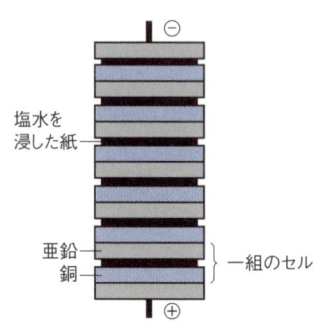

図 1-8-2　ボルタ電堆

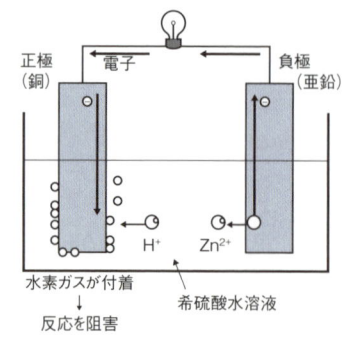

図 1-8-3　ボルタ電池のしくみ

亜鉛が負極、銅が正極となります。電池を研究、製造する分野ではプラス、マイナスという表現よりも正極、負極という表現をよく使います。亜鉛は希硫酸に溶け電子を放出します。反応式は次のようになります。この式は負極側で起こっている反応ということで半反応式あるいは半電池反応式という表現を使います。

$$Zn \rightarrow Zn^{2+} + 2e^- \quad \cdots (式1\text{-}8a)$$

放出された電子は導線を通って銅板に到達します。銅と亜鉛では亜鉛のほうが溶けやすいために、亜鉛が溶けていると銅は溶けません。亜鉛のほうがイオンになりやすい性質があります。亜鉛のほうが銅よりもイオン化傾向が強いという表現を使います。銅板と希硫酸の間では次の反応が起こります。希硫酸の中の水素イオンが電子を受け取り水素分子となります。

$$2H^+ + 2e^- \rightarrow H_2 \quad \cdots (式1\text{-}8b)$$

（式1-8a）と（式1-8b）の2つの半電池反応式を総合すると、電池全体として次の反応になります。

$$Zn + 2H^+ \rightarrow Zn^{2+} + H_2$$

そしてこのとき電子が亜鉛板から外部負荷を通って銅板に移動します。電子の動きと電流の向きは反対ですから、電流が銅から亜鉛に流れたことになります。希硫酸の中では亜鉛イオンが増え、水素イオンが水素分子になります。亜鉛イオンは亜鉛板から銅板に移動し、電流が亜鉛から銅に流れることになります。理論的起電力は0.76Vです。

ボルタ電池の最大の欠点は反応の持続時間が短いことです。原因は発生した水素が銅板の表面を覆い反応を阻害したためです。このように反応を阻害する現象を分極といいます。この問題を解決するためにダニエル電池が生まれます。

●ボルタ電池の欠点

ボルタ電池は歴史的にみると非常に重要なのですが、いざ実際に検証実験を行うとなると、①銅がすぐに酸化し酸化銅になってしまい正極での反応式は（式1-8-2）と異なったものとなってしまう、②亜鉛表面からかなりの水素が発生してしまうなどの問題が生じます。そのために高校の教科書での説明は簡略化され、またはまったく触れられない教科書も出てきました。

1-9 ダニエル電池とルクランシェ電池

● ダニエル電池

1836年にダニエルは持続時間が短いというボルタ電池の欠点を改善した電池を発明しました（図1-9-1）。外側はガラス、内側は素焼きの二重の円筒容器で構成され、内側には硫酸溶液をいれ電極として銅板を用い、外側には硫酸亜鉛溶液を入れ電極として亜鉛棒を用いました。

図1-9-2を用いて、ダニエル電池のしくみを説明します。亜鉛板が負極、銅板が正極です。素焼きの容器には多くの微小の穴があり、溶液は通しませんが、イオンは通します。負極では、ボルタ電池と同じ反応が起こっています。

$$Zn \rightarrow Zn^{2+} + 2e^-$$

図1-9-1 ダニエル電池
(http://www.ijinten.com/contents/ijin/daniell.htm)

亜鉛が溶けて亜鉛イオンとなります。生成した電子は負荷を通って銅板に達します。正極では、負極からの電子と銅イオンが次式のように反応し、銅が析出します。

$$Cu^{2+} + 2e^- \rightarrow Cu$$

ボルタ電池と異なり分極の原因となる水素を発生しないことに注目してください。負極で過剰になったZn^{2+}、正極で過剰に

図1-9-2 ダニエル電池のしくみ

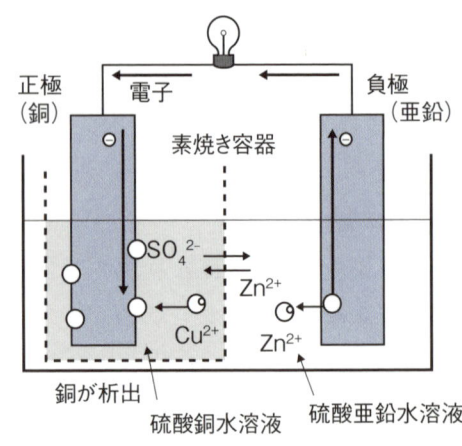

なったSO$_4^{2-}$は反対側の電極からの電気力、濃度勾配による拡散によって素焼き容器を通過します。素焼き容器がなければ一部の銅が亜鉛板上に析出してしまいます。負極と正極で生じている反応を足し合わせた全体の反応は次のようになります。

$$Zn + Cu^{2+} \rightarrow Zn^{2+} + Cu$$

銅イオンがなくなったとき、あるいは亜鉛イオンの濃度が濃くなって飽和状態になりもう溶け出せなくなったときに反応は終了します。したがって硫酸銅水溶液濃度が高いほど、硫酸亜鉛水溶液の濃度が低いほど長く使うことができます。当時は長く使うために頻繁にこれらの溶液を交換していました。ダニエル電池の起電力は1.1Vです。

図1-9-3　ルクランシェ電池
(http://nishida-denso.com/deta/no15-1.htm)

●ルクランシェ電池

ダニエル電池は亜鉛イオンの濃度が濃くなると反応が停止し、長く使えないという問題がありました。そこで1866年にルクランシェは安価で長時間使える電池を発明し（図1-9-3）、電信、電話用として普及しました。ルクランシェ電池はマンガン乾電池に引き継がれ一世を風靡しました。

負極には、従来の電池と同様に亜鉛を用います。正極は図1-9-4のように多孔質容器に、二酸化マンガンの粉末を詰め、炭素棒を差し込みます。炭素棒は電子を効率よく導くためのものです。これらを塩化アンモニウム水溶液に浸します。負極および正極での反応式は次のように

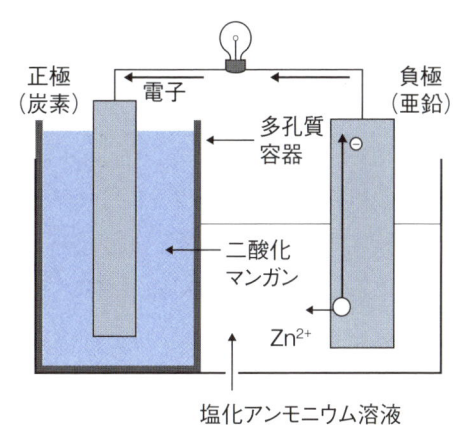

図1-9-4　ルクランシェ電池のしくみ

なります。

　　負極：$Zn + 2NH_4Cl \rightarrow Zn(NH_3)_2Cl_2 + 2H^+ + 2e^-$
　　正極：$MnO_2 + H^+ + e^- \rightarrow MnOOH$
　　電池全体：$Zn + 2MnO_2 + 2NH_4Cl \rightarrow Zn(NH_3)_2Cl_2 + 2MnOOH$

　負極では亜鉛が溶け、$Zn(NH_3)_2Cl_2$が生成します。そのために亜鉛イオンが濃くなることによる反応停止がなく長寿命になります。正極ではMnの還元反応が起こり+4価から+3価に代わっていることに注意してください。

　途中で分極の原因となる水素を放出しているのですが、MnO_2にすぐに吸収されてしまいます。このように分極が起こるのを抑える物質を減極剤といいます。減極剤には二酸化マンガンの他過酸化水素水もよく使われます。起電力は1.5Vです。しかし、放電し続けると、亜鉛板から僅かではありますが、水素が発生してしまいます。亜鉛板に水銀をコーティングすることによって発生を抑えることができます。しかし水銀は毒性があるため、現在では使われていません。

　ルクランシェ電池は今までの電池に比べて格段に長い寿命を実現できました。しかし、使用中に塩化アンモニウム溶液がこぼれたり、冬には凍って使えなくなる等の問題がありました。この問題を解決したのが乾電池です。

●乾電池の発明

　1887年屋井先蔵は缶で覆い液がこぼれない構造にした乾電池を発明しました（図1-9-5）。最初は角型でしたが改良を重ね現在の円筒型となりました。しかし屋井は資金不足のために特許を出願することができませんでした。1887年にドイツのガスナーが、1888年にデンマークのヘレンセンが特許を取得しました。ガスナーは電解液に石こうの粉末を混ぜペースト状として溶液がこぼれないようにしました。

図1-9-5　屋井式乾電池（日本電池工業会HP）

第2章

電池の化学

本章では電池の現象を化学の原理から説明します。酸化・還元反応が電池の基本で、活物質と電解液がその役割を担います。また電池の容量はどのようにして決まるのか、電圧はどのような原理で決まるのかをわかりやすく説明します。

2-1 原子の構造とイオン

●原子の構造

原子は原子核とその周囲を周回する電子から構成されます（図2-1-1）。電子はあらかじめ決められた飛びとびの軌道上にしか存在することができません。内側の軌道ほどエネルギーが低く、順次内側から電子が埋まっていきます。最内側の軌道をK殻、そのひとつ外側をL殻、順次M殻、N殻と名前がついています。それぞれが収納できる電子数は2個、8個、18個、32個…です。また各殻内でも異なった軌道が存在し、順にs軌道、p軌道、d軌道…と名前がつけられています。K殻にはs軌道があり、L殻にはs軌道とp軌道、M殻にはs軌道、p軌道、d軌道があり、それぞれの軌道に応じてエネルギーが決まっています。これをエネルギー準位といいます（図2-1-2）。

●イオン

一般的には、原子核内のプラスの電荷を持つ陽子の数とマイナスの電荷を持つ電子の数が同じために原子全体としては電気的に中性です。

たとえばNa原子（ナトリウム）の場

図 2-1-1　原子の構造

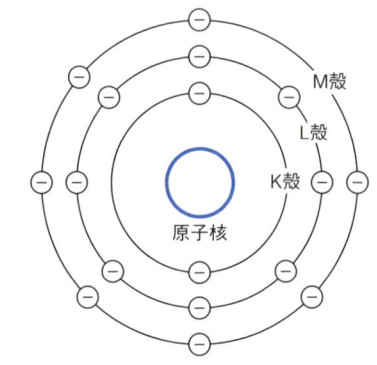

※実際にはp軌道は8の字状の軌道ですが簡略に円軌道としています。またM殻の10個のd軌道は省略しています。

図 2-1-2　電子軌道とエネルギー準位

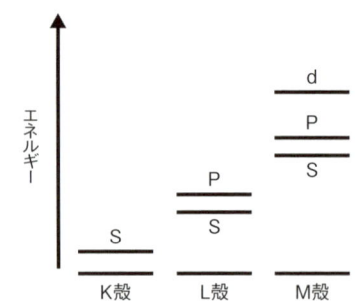

図 2-1-3　NaとClの電子軌道

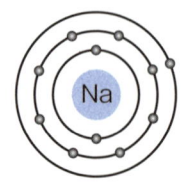 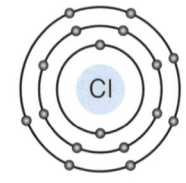

合（図2-1-3）、11個の電子と陽子を持っています。11個の電子は順にエネルギーの低い内側の軌道から埋まりますから、K殻に2個、L殻に8個、M殻に1個が配置されます。K、L殻の軌道にはすべての電子が埋まっていますが、M殻には1個しかありません。この電子は不安定な状態で容易に原子核の束縛から離れてしまいます。この電子が離れるとNaは全体としてプラスの電荷を持ちます。この状態をイオンといいます。プラスの電気を帯びていますので陽イオンあるいはプラスイオンといい、Na^+と表記します。

Cl原子（塩素）は一般的には17個の電子を持ちます。K殻に2個、L殻に8個、M殻に7個の電子が配置されます。M殻は8個で満席ですから1個空席になっていることになります。この空席には他からの電子が入りやすく、電子が入ると全体としてマイナスの電荷を帯びます。これを陰イオンあるいはマイナスイオンといい、Cl^-と表記します。

O原子（酸素）は8個の電子をもっています。L殻には6個の電子が埋まっており、2個の空席があります。2個の空席に電子が埋まると全体としてマイナスの電荷を帯びます。2個の電子が入ったので、O^{2-}と表現します。

イオンが帯びている電荷の絶対値をイオンの価数といいます。したがって、Na^+とCl^-はともに価数1、O^{2-}は価数2ということになります。

●バンド構造

次に2つの原子が結合して分子になったときのエネルギー準位を考えます（図2-1-4）。もっとも外側の軌道だけを考えます。それぞれの原子の同じ大きさのエネルギー準位であったものが、結合することによってごくわずかの差を持つ2つのエネルギー準位となります。4個の原子が集まれば4つの異なったエネルギー準位ができます。N個の原子が集まると、エネルギー準位の数はN個となります。実際にはNは非常に多いので連続的な幅になり、これをバンド（帯）と呼んでいます。

図2-1-4　バンドのでき方

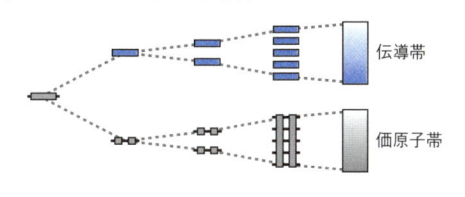

単原子　2原子　4原子　10原子　N原子

伝導帯
価原子帯

2-2 電池のしくみ〜酸化・還元反応

●酸化と還元反応

電池の化学反応の基本は、酸化と還元反応です。狭い意味では、ある物質が酸素と結びつくことを酸化、酸素を放出することを還元といいます。広義には、ある物質が電子を放出することを酸化、電子を受け入れることを還元といいます（図2-2-1）。

たとえば銅が酸化されて酸化銅となる反応をみてみましょう。

$2Cu + O_2 \rightarrow 2CuO$ …（式2-2a）

この反応式を次のように2段階に分けてみます。

$2Cu + O_2 \rightarrow (2Cu^{2+} + 2e^-) + (2O^{2-} - 2e^-) \rightarrow 2CuO$ …（式2-2b）

銅は電子を放出し、酸素は電子を受け取っています。すなわち銅は酸化し、酸素は還元されたということになります。このように電子の授受が伴う化学反応のことを酸化還元反応といいます。酸化還元反応では必ず酸化と還元が同時に起こっています。

図2-2-1 酸化と還元反応

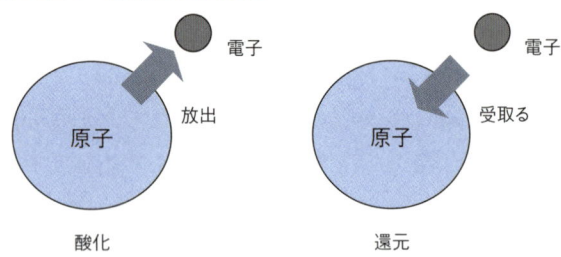

（式2-2b）を銅だけを含む式と酸素だけを含む式に分解してみましょう。次のようになります。

$2Cu \rightarrow 2Cu^{2+} + 2e^-$ …（式2-2c）

$O_2 + 2e^- \rightarrow 2O^{2-}$ …（式2-2d）

これらの式は、1つの化学反応式を2つに分解したもので半反応式といいます。特に電池の場合には半電池式といいます。（式2-2c）は酸化反応、（式2-2d）は還元反応です。それに対して（式2-2a）を全体反応式あるいは全反応式といいます。

●電池の構成

電池は負極、正極、電解液から構成されます（図2-2-2）。負極および正極は金属、あるいは金属酸化物でできています。電解液はイオンは通しますが、電子は通しません。

図2-2-2に示すように、負極側では負極物質と電解液の間で酸化反応が生じ電子が発生し、正極側では正極物質と電解液の間で還元反応が生じ電子を受け取ります。この状態で外部負荷（図2-2-2では豆電球）を経由して負極と正極を導線で接続すると、電子は外部負荷を経由して負極から正極に移動します。電解液は電子を通さないので、電解液中では電子の移動はありません。電解液中では反応で生じたイオンが移動します。電子の移動の向きと電流の向きは反対ですから、外部負荷を経由して電流が正極から負極に流れたことになります。

図 2-2-2　電池の仕組み

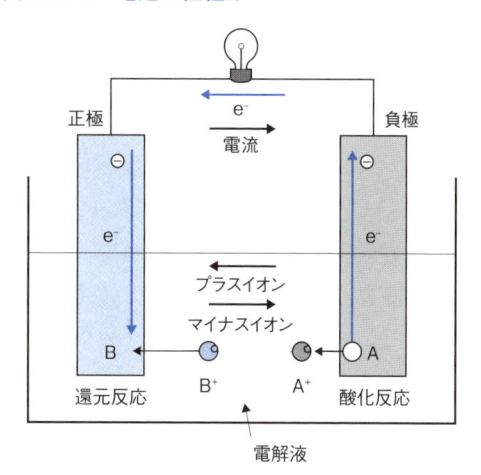

●電池表記法

電池は正負の電極と電解液から構成されますが、その表記法を説明します。たとえば1-8節で説明したボルタ電池は次のようになります。負極を左に正極を右に書きます。｜と｜の間に電解液を書きます。

　　　(-) Zn ｜ H_2SO_4 ｜ Cu (+)

1-9節で説明したダニエル電池のように負極側と正極側で電解液が異なる場合には次のように表記します。2つの電解液の間は‖で区切ります。

　　　(-) Zn ｜ $ZnSO_4$ ‖ $CuSO_4$ ｜ Cu (+)

2-3 電池の容量と活物質の量

　負極および正極で実際に反応に関わる物質のことを活物質といいます。それぞれ負極活物質および正極活物質と呼びます。2-2節の図2-2-2の電池は、金属Aおよび電解液中のイオンB^+が活物質で化学反応が進むにつれ減少し、なくなると電池としての寿命を終えます。電池から取り出せる電気量の総量を電流容量といいますが、活物質の量によって決まります。

●活物質量と電流容量

　活物質1gあたりの電流容量、すなわち質量電流容量密度を求めてみましょう。電池では電力密度、電流密度という用語がよく出てきますが、出力電力密度（パワー密度）、出力電流密度の意味です。電力容量密度（エネルギー容量密度）、電流容量密度と似ていて紛らわしい用語ですが、異なる量です。
　電流容量の単位はAhですが、電荷量の単位クーロンに換算できます。
　　　1Ah = 3600クーロン…（式2-3a）
　活物質Aは次の半化学式によって、1分子あたりn個の電子を放出するとします。
　　　$A \rightarrow A^{n+} + ne^-$
　1モルの活物質Aが放出する全電荷量は、n×アボガドロ定数×電子1個の電荷量となります。アボガドロ定数×電子電荷量はファラデー定数と呼ばれ、値は96500クーロン/モルです。したがって活物質1gから放出される電荷量は、活物質Aの分子量をMとすると、n×96500/M（クーロン）となります。（式2-3a）に従って単位をクーロンからAhに変更すると次の式が得られます。
　　　質量電流容量密度 = n × 26.8 / M
　また体積電流容量密度は、活物質Aの比重ρを用いて次式で計算することができます。
　　　体積電流容量密度 = ρ × 質量電流容量密度
　代表的な活物質材料の質量電流容量密度および体積電流容量密度を表

2-3-1に示します。質量容量密度が大きな電池は軽量、体積容量密度が大きな電池は小型になります。また、この値に起電力をかけるとエネルギー容量密度となります。

　　質量エネルギー容量密度 ＝ 起電力 × 質量電流容量密度
　　体積エネルギー容量密度 ＝ 起電力 × 体積電流容量密度

●電池の電流容量密度

電池についても電流容量密度を計算することができます。アルカリ電池について求めてみましょう。アルカリ電池では次の反応が起こります。

　　負極：$Zn + 2OH^- \rightarrow ZnO + H_2O + 2e^-$

　　正極：$2MnO_2 + H_2O + 2e^- \rightarrow Mn_2O_3 + 2OH^-$

この反応式で1Ahの容量を得るには、表2-3-1から亜鉛1.22gと二酸化マンガン3.22gが必要になります。すなわち活物質4.44gから1Ahの容量を得ることができます。したがって比容量は1/4.44g=0.224Ah/gとなります。この計算では、容器など活物質以外の質量は考慮していませんので、実際はこの値よりも小さくなります。この値に電圧1.5Vをかけると質量エネルギー密度が求まり、0.34Wh/gとなります。

いくつかの代表的な電池について、質量電流容量密度を計算した結果を表2-3-2に示します。

表 2-3-1　活物質の電流容量密度（計算値）

	活物質		[Ah/g]	[Ah/cm³]
負極	固体	Li	3.86	2.06
		Al	2.98	8.06
		Fe	0.96	7.52
		Zn	0.82	5.85
		Pb	0.26	2.93
	液体	CH_3OH	5.02	3.97
	気体	H_2	26.3	0.00216
正極	固体	Ag_2O	0.43	3.24
		MnO_2	0.31	1.55
		NiOOH	0.29	2.03
		$Li_{(0-1)}CoO_2$	0.27	2.89
		PbO_2	0.22	2.1
	気体	O_2	3.36	0.00439

表 2-3-2　主な電池の電流容量密度（計算値）

電池の種類	理論容量（Ah/g）
マンガン電池	0.22
アルカリ電池	0.22
鉛蓄電池	0.12
空気亜鉛電池	0.66
リチウムイオン電池	0.15
リチウム－フッ化炭素電池	0.71

2-4 物質の化学エネルギー〜ギブズエネルギー

●化学反応とエネルギー

化学反応にはエネルギーの授受が生じます。もっとも身近に見られるのは熱の授受です。物質が持つ化学エネルギーの一部が熱に変換されます。これらの間には次のエネルギー保存則が成り立ちます。

> 反応前の物質の化学エネルギー ＝ 反応後の物質の化学エネルギー ＋ 放出熱エネルギー

●ギブズエネルギーとは

物質の化学エネルギーは、ギブズエネルギーあるいはギブズ自由エネルギーと呼ばれます。特に標準状態（25℃、1気圧）でのギブズエネルギーを標準ギブズエネルギーといいます。

物理の分野で位置エネルギーを扱いますが、これはある面、たとえば地面や海水面などからの高さを基準にとってその相対値で計算します。ギブズエネルギーも同様で実際には反応の前後での差が問題になります。そこでギブズエネルギーの基準を次のように定めます。

・**単体元素物質**

その元素がもっとも安定した状態での標準状態のギブズエネルギーを基準値にします。したがって、H_2、O_2…などは0になります。Pb（鉛）は1個の原子で存在するときが安定なので、単体のPbが基準ということになります。

・**化合物**

化学反応の発熱量の測定値から算出します（図2-4-1）。水のギブズエネルギーは次の化学反応式から求めます。

$$H_2 + 1/2 O_2 \rightarrow H_2O \text{（発熱：286kJ）}$$

発熱量と反応前後のギブズエネルギー変化の間には次の関係があります。

> ギブズエネルギー変化 ＝ 発熱量 － T・ΔS …（式2-4a）

Tは絶対温度、ΔSは反応前後のエントロピー変化です。各物質の標準状

図2-4-1 化合物のギブズエネルギーの求め方

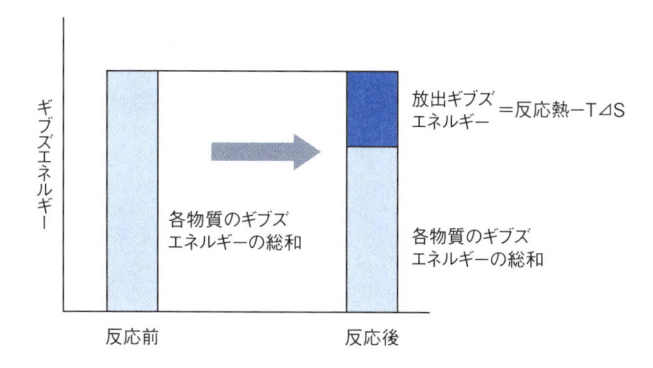

態での1モルあたりのエントロピー、つまり標準モルエントロピーは『化学便覧』などにまとめられています。この式を用いて発熱量から反応前後のギブズエネルギー変化を求めることができます。詳細な計算は省略しますが、上の化学反応の場合、237kJ となります。H_2とO_2のギブズエネルギーは0ですから、結局 H_2O のギブズエネルギーは-237kJ と計算できます。

・イオン

必ずプラスイオンとマイナスイオンが混ざった状態になり、単体のイオンを含む水溶液は作ることができません。したがってそれぞれの差しか求めることができません。そこで水素イオンH^+を基準にギブズエネルギーを算出することになっています。

次の反応を基に塩素イオン（Cl^-）のギブズエネルギーを求めてみます。

$$(1/2)\ H_2(g) + (1/2)\ Cl_2(g) \rightarrow H^+(aq) + Cl^-(aq)$$

gは気体、aqは水溶液を示しています。この反応の発熱量を測定し、（式2-4a）から反応前後のギブズエネルギーの差を求めると131J/モルとなります。H_2、Cl_2、H^+のギブズエネルギーは0ですから、Cl^-のギブズエネルギーは、-131J/モルとなります。

さまざまな物質、イオンの標準生成ギブズエネルギー変化は『化学便覧』にまとめられています。この値が小さいほど安定な物質、大きいほど不安定ということになります。

2-5 標準電極電位と電池の起電力

●ギブズエネルギーと起電力

2-4節では、化学反応によってギブズエネルギーの一部が開放されて熱となって放出する例を説明しましたが、熱以外にもいろいろな形態でエネルギーが放出されます。電池とはギブズエネルギーの一部を電気エネルギーに変換するものです。

ギブスエネルギーから起電力を求めることができます。電池は化学反応の前後のギブズエネルギーの差ΔGが電子の電気エネルギーとなります。電荷e、電位Vの電子の電気エネルギーはeVです。化学反応でnモルの電子が生じると、総電気エネルギーは、ファラデー定数F(94500C/mol)を用いて、n・F・Vとなります。したがって起電力Vは次式となります。

$V = \Delta G/(n \cdot F)$ …(式2-5a)

鉛蓄電池の起電力を計算してみましょう。全反応式は次のとおりで、反応に際して393kJのエネルギーが発生します。

$Pb + PbO_2 + 2H_2SO_4 \rightarrow 2PbSO_4 + 2H_2O$

また、負極では次の反応が起こっています。

$Pb + SO_4^{2-} \rightarrow PbSO_4 + 2e^-$

1モルの鉛から2モルの電子が生じます。(式2-5a)を用いて鉛蓄電池の起電力は2.04Vと計算することができます。

●水素の電極電位を基準とした標準電極電位

上記のように、電極材料が決まれば電池の反応式をもとに起電力を計算することができます。しかし、電極材料の組み合わせは膨大にあります。それぞれの組み合わせについて計算するのは大変ですし、また見通しもよくありません。

そこで、材料ごとに標準電極電位を定めることにします。標準電極電位とは標準状態(1気圧25度)の水素の電位を基準にした電位です。A、Bという

材料で電池を構成したときの起電力 V_{AB} は、A および B の標準電極電位 V_A および V_B を用いて、$V_{AB} = V_A - V_B$ から計算できます。

●電極電位測定方法

Cu/Cu^{2+} について電極電位の測定法を図2-5-1に示します。一方の電極には銅を用いますが、もう一方の電極には白金 Pt を用います。白金側の電解液には希硫酸の水溶液、銅側の電解液には硫酸銅水溶液を用い、間を塩橋でつなぎます。塩橋とは溶液は混ざり合わなくてイオンだけ通すものです。測定中水素を流入し続けます。白金は非常に安定な金属ですので、化学反応は起こしません。白金側では次のように水素の反応が起こり基準電位となります。

図 2-5-1　標準電極電位の測定方法

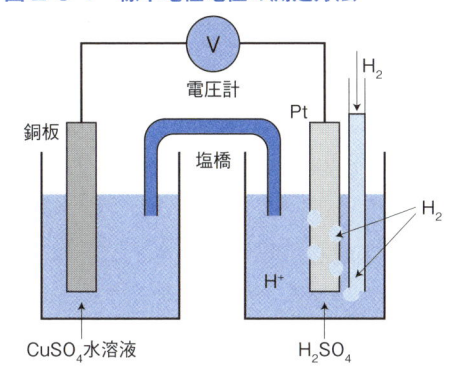

$$H_2 \leftrightarrows 2H^+ + 2e^-$$

銅側では次の反応が起こり平衡状態となります。

$$Cu^{++} + 2e^- \leftrightarrows Cu \quad \cdots (式2\text{-}5b)$$

したがって測定電圧が（式2-5b）の電極電位ということになります

●ギブズエネルギーから標準電極電位の算出

標準電極電位は各物質のギブズエネルギーから計算できることを示します。（式2-5b）の標準電極電位を計算してみます。平衡状態では両辺のギブズエネルギーは等しく、また Cu^{++} および Cu のギブズエネルギーはそれぞれ 65.6J/モル、0J/モルですので、電子の1モルあたりのエネルギーは-32.8J/モルとなります。この値を（式2-5a）に代入して、Cu^{++} の電極電位は 0.34V と計算することができます。

ギブズエネルギーから求めた主な物質の標準電極電位の一覧を表2-5-1に示します。Li^+ は-3.04V と負の大きな値を有しています。負極材に用いることによって大きな電圧の電池が得られることがわかります。その他、K、Ca、

Na、Mg、Alもよく用いられているZnに比べて絶対値の大きな負の値になっており、高い起電力の電池が得られる可能性があります。いろいろな機関で実用化のための研究が行われています。

表2-5-1から実際の電池の起電力を求めることができます。ダニエル電池について求めてみます。負極及び正極の化学式は以下のとおりです。

負極：$Zn \rightarrow Zn^{2+} + 2e^-$

正極：$Cu^{2+} + 2e^- \rightarrow Cu$

表2-5-1からそれぞれの標準電極電位は、-0.76V、+0.33Vですから、電池としての起電力は1.1Vとなります。

標準電極電位はあくまでもギブズエネルギーから求めた理論値です。溶液のイオン濃度は限りなく希薄であると仮定しています。実測の電位を式量電位といいますが、標準電極電位とは必ずしも一致しません。また電解液の種類や濃度によって0.3V位は変化してしまいます。

●イオン化傾向

2種類の金属A、Bを同時に非常に希薄な希硫酸の水溶液に浸すと一方は溶けてイオンとなりますが、もう一方は変化しません。このとき溶けたほうの金属は溶けない金属よりもイオン化傾向が強いといいます。次の反応式で、金属Aのほうがイオン化傾向が強いとき、反応は右向きに進みます。

$A + B^+ \leftrightarrows A^+ + B$

A、Bのギブズエネルギーは0ですから、A^+とB^+のギブズエネルギーを比較して小さいほうがイオン化傾向が強いということになります。金属をギブズエネルギーの値に従ってイオン化傾向の強い順に並べたものをイオン化列といいます。以前の高校の教科書ではギブズエネルギーから定義される標準電極電位の順番に並べていましたが、実測の電位は、溶液の種類、溶液のph、濃度によって0.3Vくらいは容易に変動してしまうため最近では以下のようにグループごとに分けるようになりました。

（K、Ca、Na）＞（Mg、Al、Zn、Fe）＞（Ni、Sn、Pb）＞（H_2）＞（Cu、Hg、Ag）＞（Pt、Au）

あるいは、3種の金属だけを取上げ、Zn＞Cu＞Agとしています。

表 2-5-1　標準電極電位一覧

電極反応	E^0 (V)	
金属		
$Li^+ + e \rightarrow Li$	−3.04	
$K^+ + e \rightarrow K$	−2.92	
$Ca^{2+} + 2e \rightarrow Ca$	−2.86	
$Na^+ + e \rightarrow Na$	−2.71	
$Mg^{2+} + 2e \rightarrow Mg$	−2.36	
$Al^{3+} + 3e \rightarrow Al$	−1.66	
$Zn^{2+} + 2e \rightarrow Zn$	−0.76	┐
$Fe^{2+} + 2e \rightarrow Fe$	−0.44	│
$Cd^{2} + 2e \rightarrow Cd$	−0.40	│
$Sn^{2+} + 2e \rightarrow Sn$	−0.14	ボルタ電池
$Pb^{2+} + 2e \rightarrow Pb$	−0.12	│
$Fe^{3+} + 3e \rightarrow Fe$	−0.03	│ ダニエル電池
$2H^+ + 2e \rightarrow H_2$	0	┘
$AgBr + e \rightarrow Ag + Br^-$	+0.07	
$Sn^{4+} + 2e \rightarrow Sn^{2+}$	+0.15	
$AgCl + e \rightarrow Ag + Cl^-$	+0.22	
$Cu^{2+} + 2e \rightarrow Cu$	+0.33	
$Fe^{3+} + e \rightarrow Fe^{2+}$	+0.77	
$Hg_2^{2+} + 2e \rightarrow Hg$	+0.78	
$Ag^+ + e \rightarrow Ag$	+0.79	
$2Hg^{2+} + 2e \rightarrow Hg_2^{2}$	+0.92	
$Pt^{2+} + 2e \rightarrow Pt$	+1.19	
$Au^+ + e \rightarrow Au$	+1.83	
金属化合物		
$PbSO_4 + 2e \rightarrow Pb + SO_4^{2-}$	−0.35	┐ 鉛蓄電池
$PbO_2 + 4H^+ + SO_4^{2-} + 2e^- \rightarrow PbSO_4 + 2H_2O$	+1.70	┘
$AgCl + 2e \rightarrow Ag + Cl^-$	+0.22	
非金属		
$H_2O_2 + 2H^+ + 2e \rightarrow 2H_2O$	+1.76	
$F_2 + 2H^+ + 2e \rightarrow 2HF$	+3.05	

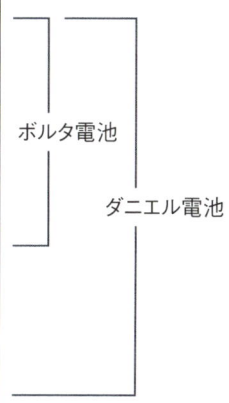

2・電池の化学

2-6 起電力を下げる分極

電磁気学や化学結合の分野でも分極という言葉が使われますが、電池で使われる分極とは意味が異なります。電池の分野で分極というのは、起電力が本来の値よりも下がってしまう現象です。未使用状態でも内部の構造によって起電力が下がる場合、使用時間とともに起電力が落ちてしまう場合、外部負荷によって取り出せる電圧が下がってしまう場合などさまざまなケースがあります。本節では外部に負荷をつないだときに問題となる分極について説明します。

●電流─電圧特性の測定

図2-6-1のように電池に可変抵抗器をつなぎ、電流と電圧の関係を求めると図2-6-2のようになります。電圧降下は3つの領域に分けることができます。電流が小さいときに生じる活性化分極、電流の増加とともに直線的に電圧が下がる抵抗分極、大電流が流れたときに急激に電圧が降下する拡散分極に区分できます。

図2-6-1 電流─電圧特性の測定方法

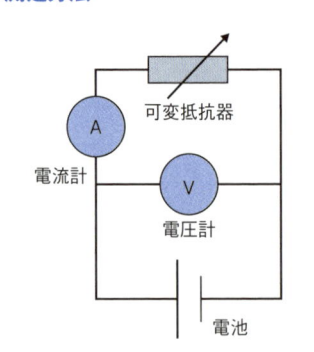

●抵抗分極

電流が流れると直線的に電圧降下が生じる分極を抵抗分極といいます。抵抗分極にもいくつかの原因があります。ひとつは電解質です。電解質は電気を通す導電体ですが、金属に比べるとはるかに大きな抵抗をもっています。古い電池は電解質が改変し、抵抗分極が増えます。内部抵抗が大きいと、

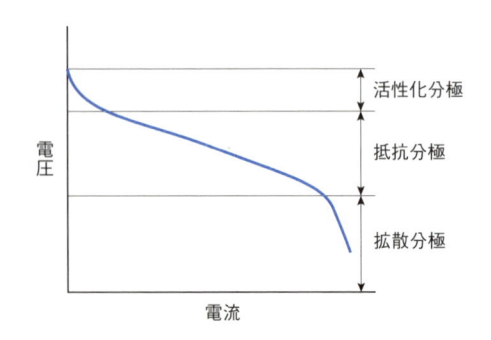

図2-6-2 分極の3要因

少しの電流を取り出しただけで得られる電圧が大きく降下してしまいます。そのために、開放電圧が1.5V 近くあるにもかかわらず、ほとんど使い物にならない電池もあります。

図2-6-3　電池の内部抵抗

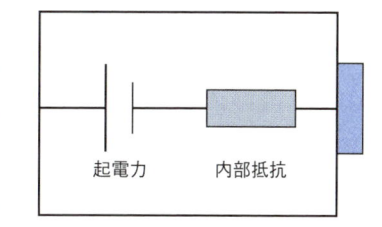

反応の過程で電極に異物が付着し実質的な反応表面積が小さくなることによる電圧降下があります。発生した水素の電極への付着、鉛蓄電池のサルフェーション（硫酸銅、$PbSO_4$）が電極に付着するなどといったことです。以前亜鉛電極の表面を水銀で"アマルガム化"していたのは水素の付着を防止するためです。現在は水銀は使われていません。その他に金属同士が接触すると生じる接触抵抗も抵抗分極です。

抵抗分極は模式的に図2-6-3のように表現することができます。

●活性化分極

次の反応を考えてみます。

　　　A + B → AB

AB のエネルギー状態はA+B よりも低いとします（図2-6-4）。点線のようになっていれば、反応はどんどん進みますが、実際は途中に越えなければならないエネルギーの山があります。この山の高さを活性化エネルギーといいます。この山のために左から右へのスムーズな反応がさえぎられます。これを活性化分極といいます。

●拡散（濃度）分極

反応関与物質は拡散によって電極に到達し電気化学反応をしますが、大きな電流を取り出すときに十分な量の反応関与物質を供給できないことがあります。このときに生じる分極を拡散分極といいます。

図2-6-4　活性化分極

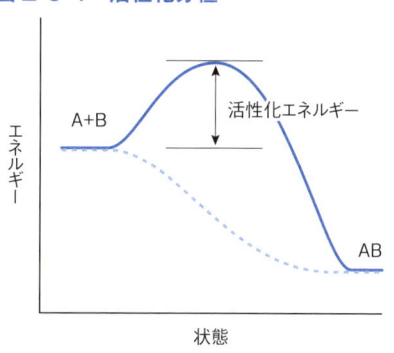

2-7 出力・入力を大きくする方法

●機器と出・入力

　電池の出・入力特性は非常に重要な特性のひとつです。出・入力特性とは、1秒間当たりに取り出せる、あるいは取り込めるエネルギー量のことです。大きな出・入力を必要とするのはハイブリッド電気自動車（HEV）、電動工具などモーターを使った機器です。特に発進や起動時に強い馬力が必要です。また停車時には回生ブレーキというしくみが働き、短時間のうちに運動エネルギーを電気エネルギーとして取り込まなければなりません。小型家電機器は一般に小電力ですが、その中でも比較的大きな電力を必要とする機器もあります。

　出・入力は電流×電圧ですが電圧を一定とすれば電流の大小で大きさを評価できます。小型家電機器では、数$100\mu A$以下を小電流、0.1〜数$100mA$を中電流、数$100mA$以上を大電流として分類することがあります（表2-7-1）。

　出力を大きくするには電圧を上げる方法と大きな電流を取り出す方法があります。電圧は活物質によって決まりますのでここでは大きな電流を取り出す方法を考えます。2-6節でも説明しましたが、大きな電流を流すと内部抵抗による電圧降下が大きくなるので内部抵抗を小さくする必要があります。そのためには①化学反応の高速化、②電解質の導電性の向上、③電極活物質の電子導電性向上などが必要になります。ここでは①と③について述べます。②については2-8節で説明します。

●反応速度の向上

　反応速度を早くするには、触媒を用いることや、電極、活物質、電解質の接

表2-7-1　小型家電機器の使用電流

電流域	代表的な機器
小電流（数$100\mu A$以下）	時計、電卓、体温計、リモコン
中電流（0.1〜数$100mA$）	ヘッドフォンステレオ、懐中電灯、電動歯ブラシ
大電流（数$100mA$以上）	デジカメ、ストロボ、スマートフォン、携帯電話、ノートパソコン

触面積を広くすることが有効です。活物質を多孔性形状にしたり、小さな粒状とするなどいろいろな工夫がなされてきました。以下に触媒の役割について説明します。図2-6-4の活性化エネルギーを低くするのが触媒の役割です。燃料電池の以下の反応を促進する白金触媒の役割を例として説明します。

$H_2 \rightarrow H + H \rightarrow 2H^+ + 2e^-$

途中段階として水素分子を切り離して2個の単体の水素原子に分解する必要があり、このためのエネルギーが活性化エネルギーです。白金によって少ないエネルギーで水素原子を分解することができます。白金の原子1個に水素原子1個が結合しますが、白金の原子間の距離は水素分子の長さに比べて長いので、少ないエネルギーでH_2を切り離すことができます（図2-7-1）。

図 2-7-1　触媒のしくみ

2個の水素原子が結合して分子を構成　　Pt原子に吸着　　Ptによって原子をばらばらにする

●活物質の電子導電性の向上

一般的な活物質は粉末状なので、活物質と電極間の電子のやりとりを円滑にするために、炭素微粒子が連なったアセチレンブラックの導電助剤を用います。これらと結着剤を混練し、集電体に塗布します（図2-7-2）。網状のカーボンナノファイバーで活物質を覆うことによって導電性を高めた例もあります。

図 2-7-2　活物質の電子伝導性の向上

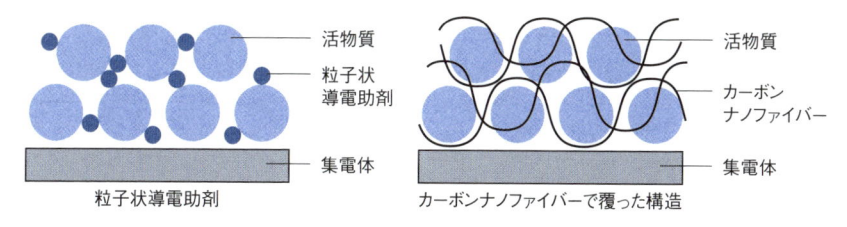

粒子状導電助剤　　カーボンナノファイバーで覆った構造

活物質／粒子状導電助剤／集電体　　活物質／カーボンナノファイバー／集電体

2-8 電解質と周辺部品

●電解質の役割と求められる性能

活物質、電解質、電極の界面での化学反応によってイオンが発生します。電解質はイオンを媒体として電荷を運ぶ役割をします。出・入力特性、安全性、寿命などを左右する重要な構成部品で、以下の特性が求められます。

①**高い電気導電率**：電気導電率が高いと内部抵抗が小さくなり、大きな電流を流すことができ、良好な出・入力特性が得られます。代表的な電解質の電気導電率を表2-8-1に示します。ちなみに金属の電気導電率は銅が6.5×10^5（Scm^{-1}）、亜鉛が18.5×10^5（Scm^{-1}）です。水溶液に比べると他の電解質は格段に小さな値です

②**高耐電圧性**：高い電圧を印加しても改質しない電解質が実現できれば、電極材料の選択幅が増え、高電圧、高エネルギー容量の電池を実現できます。

③**高い安定性**：活物質とはよく反応する一方で、他の物質とは反応しないこ

表 2-8-1　電解質の電気導電率

	電解質	電気導電率（Scm^{-1}） （　）内は温度、記載がないものは25℃
水溶液	H_2SO_4（35％濃度）	0.7
	KOH（30％濃度）	0.55
	1MKCL	0.11
非水溶液	$LiPF_6$/溶媒：炭酸エチレン＋炭酸プロピレン	0.0066
	$LiClO_4$/溶媒：炭酸プロピレン	0.006
溶融塩	$AlCl_3$-EMICl	0.014
	Li_2CO3-$Na2Co3$	1.7（550℃）
無機固体電解質	$Li_{10}GeP_2S_{12}$（LGPS）※注	0.012
	Li_3N	0.006
	β''-アルミナ	0.02（300℃）
ポリマー電解質	Nafion	0.01

とが求められます。反応により生じた異物は、寿命を劣化させます。
電解質には電解液の他に溶融塩、固体電解質があります。

●電解液

溶媒に溶けたイオンが電流を通す媒介となるものを電解液といいます。溶媒によって水溶液系と非水溶液系に分けることができます。

・水溶液系

溶質にはH_2SO_4、KOH、KCLなどが使われます。イオン導電度が高いことが特徴です。一方で高い電圧をかけると水素と酸素に分解してしまうため高電圧の電池を実現することができません。鉛蓄電池の2Vがほぼ上限です。

・非水溶液系

電気分解を起こしにくいので高電圧の電池を実現できます。有機溶媒が使われますが、発火・引火の懸念があり対策が必要となります。リチウムイオン電池では、炭酸エチレンの溶媒に$LiPF_6$、$LiBF_4$あるいは$LiClO_4$のようなリチウム塩を溶かしたものが使われます。4V位の耐電圧性が得られています。しかし、イオン導電率は水溶液に比べて2桁程度低いため電解質層を非常に薄くしなければならず、エネルギー密度の低下や安全性の低下につながります。

●溶融塩（イオン液体）

固体のNaClを熱すると溶けて液体になり、イオン導電性を示します。このような溶媒を含まずイオンだけからなる物質を溶融塩といいます。電池には融点が低い溶解塩が必要です。未解明な点が多く今後の研究が期待されます。

●固体電解質

安全性を非常に高める電池として全固体電池が期待されています。そのためには固体電解質がキーパーツとなります。なお、ゲル化ポリマー電解質を用いた場合には全固体電池とはみなされません。

・ゲル化ポリマー電解質

ポリマーを有機電解液で膨潤させてゲル化した電解質です。リチウムイオンポリマー電池に用いられています。有機電解液に比べると、引火性が低く、

液漏れもしないという特徴があります。イオン導電率は比較的高く有機電解液に近い値が得られます。ただ、電池に圧力を加えたり高温になると有機電解液が分離するため、他の固体電解質に比べると安全性は劣ります。またゲル化すると体積が大きくなり小型化できないという欠点があります。

・ドライポリマー電解質

　固体状ポリマーで、自由な形を実現できます。安全性、信頼性に優れ、セパレーターも不要になります。一方で、イオン導電率は低く、特に氷点下での改善が大きな課題です。80℃位では10^{-3}S/cm程度が得られており、実用化まであと一歩です。

・無機固体電解質

　非常に安定なため、安全装置が不要で、小型で低コストの電池が実現できます。イオン導電率も研究レベルでは有機電解液を上回る値が得られています。

　2012年9月トヨタは固体電解質のリチウムイオン電池を開発したと発表しました。今後は高価なGeに代わる材料を探索するとのことです。

　2012年8月産総研は全固体リチウム－空気電池を開発しました。リチウムイオン電池に比べて、理論的には5〜8倍の重量エネルギー密度が得られる見通しであり、電気自動車への応用が期待されています。今後は充電性能の改善、分極などの問題を対策するとのことです。

●セパレーター

　正極と負極がショートしないように隔離する役割をします。一般的な電池の電解質は微細な穴を有するセパレーターに保持されます。2種類の電解液を用いる電池では電解液を分離するためにセパレーターを設けます。

　ダニエル電池では素焼きの板を用いていましたが、現在では不織布、微細な穴を加工した樹脂などが用いられています。またセルを重ねて高い電圧を得ますが、セルの間にセパレーターを介在させます。

●集電体

　電気を効率良く外部に流すために、正極、負極の活物資に電極をつなぎ、正電極、負電極を形成します。集電体といいます。導電率が高く、また活物質や電解質と反応しない物質でなければなりません。

第3章

一次電池

一次電池とは使い捨ての電池です。乾電池はもっとも身近な一次電池です。乾電池の用途・種類について述べます。小型機器にはボタン型電池が使われますが、非常に多くの形状のものが市販されています。アルカリ電池が最もよく使われますが一方で比較的新しい電池としてさまざまな種類のリチウム電池が市販されています。高いエネルギー密度と高い電圧が得られるという特徴があります。

3-1 一次電池市場と一次電池分類法

●一次電池の売り上げ数量

2011年度における国内の一次電池の売り上げ数量は約35億個でした。国民1人当たり30個購入していることになります。年度ごとの推移は1-2節の図1-2-2のようになっています。2000年をピークにして漸次減少傾向にあります。一方で二次電池の数量が次第に増えていることから、一次電池の一部が次第に二次電池に置き換えられていることがわかります。2011年における一次電池と二次電池の比率は約2：1（図3-1-1）です。

●一次電池の種類別売り上げ推移

一次電池には、マンガン乾電池、アルカリ乾電池、リチウム一次電池、酸化銀電池、ニッケル系一次電池、空気亜鉛電池などがあります。一次電池の種類別の売り上げ推移は、1-2節の図1-2-3に示した通りです。アルカリ乾電池が継続して1位を維持しています。一世を風靡したマンガン乾電池は2011年にはほとんど市場から消えてしまいました。リチウム電池は、コイン型、円筒型の両方がありますが、時計、電卓、デジカメ用途で需要が拡大してきた電池です。

図3-1-1　一次電池と二次電池の売り上げ比率（電池工業会）

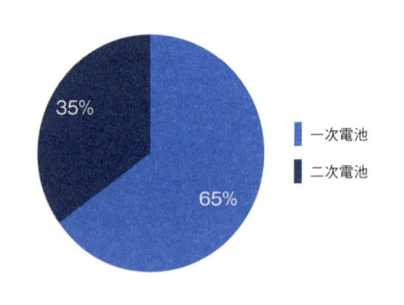

一次電池 65%
二次電池 35%

●一次電池の分類方法

一次電池は様々な観点で分類することができます。以下にいくつかの分類方法を説明します。

・**負極材料による分類**

負極材料で一次電池を分類することがあります。亜鉛系とリチウム系に分

類することができます。亜鉛系にはマンガン乾電池、アルカリ乾電池、酸化銀電池、ニッケル系一次電池、空気亜鉛電池などが属します。リチウム系にはリチウム一次電池などがあります。その他に、マグネシウムやアルミニウムを負極材料とした空気マグネシウム電池や空気アルミニウム電池があります。従来の電池に比べて格段に容量を増やすことができ、非常に期待されています。

・電解液構造による分類

　電池構造によって乾電池と湿電池に分けることができます。乾電池と湿電池という分類は一次電池に限ったものです。二次電池では、開放型と密閉型に分類しています。乾電池は電解液を固体に染み込ませたり、ペースト状にして固体に保持するなどの方法によってこぼれないように密閉構造としたもので、ひっくり返しても使うことができます。湿電池というのはあまり日常生活ではなじみがない言葉ですが、電解液を液体状態のまま用いる電池です。使用方法、運び方が限定され生活の中ではほとんど使われていません。

・一次電池の形状による分類

　形状によって円筒型、角型、ボタン型、コイン型、ピン型、ペーパー型に分類することができます（図3-1-2）。

図 3-1-2　さまざな形状の一次電池

円筒型　　　　ボタン型　　　　ピン型

角型　　　　コイン型　　　　ペーパー型

3-2 もっとも身近な電池・乾電池

●構造と規格

乾電池とは電解液を固体に染み込ませ、全体を容器に包んで使いやすくした電池です。一次電池の多くが乾電池です。ボタン電池やコイン電池も広い意味では乾電池ですが、日本工業標準調査会（JIS）では乾電池は円筒型あるいは角型に限っており、これらを含んでいません。

乾電池は互換性を保障するために、国内では日本工業標準調査会（JIS）、国際的には国際電気標準会議（IEC）が規格を定めています。

●表示形式

電池は「電池系の種類＋形状＋サイズ」という形式で表示します。LR6であれば、電池系がLでアルカリ乾電池、形状はRで円筒型、電池サイズは6で単3形ということになります。

・種類

電池系に対して表3-2-1のように記号が定められています。マンガン乾電池は最初に開発されたので記号はありません。

・形状

円筒型電池にはRを使います。ボタン型電池、コイン型電池も円筒型ですからRという表記になります。角型電池はFです。

・サイズ

乾電池の記号とサイズを表3-2-2に示します。表中のサイズは最大値です。乾電池の大きさを示すために、単1形、単2形…単6形と呼びますが、アメリカではD、C、AA、AAA、N、AAAAと呼びます。

単という文字は、単独で使用する電池という意味です。006P形は6個の単電池が組になったもので単という文字はつきません。国内の店頭では単6形は販売されていませんが、海外ではかなりメジャーな規格です。単5形もあまり見かけませんが、一部のテレビ用リモコン、一部のおもちゃ、ペンライト

などに使われています。

　単1～単6の順は容量順です。大きさでは、単5形は単4形よりも太く、単6形は単5形よりも長くなっています。なお、ボタン型電池、コイン型電池については、3-3節で説明します。

　006P形は角型の乾電池で、直列に接続した1.5Vの電池が6個入っています。起電力は9Vなので、「9V型」とも呼ばれます。単6電池が6本入っているものと、角型電池が6個入っているものとがあります（図3-2-1）。

　直列接続された複数の電池が入っている構造の電池を積層

表 3-2-1　電池系種別を表す記号

記号	電池系	公称電圧（V）
なし	マンガン乾電池	1.5
A	空気電池	1.4
B	フッ化黒鉛リチウム電池	3
C	二酸化マンガンリチウム電池	3
E	塩化チオニルリチウム電池	3.6
F	硫化鉄リチウム電池	1.5
G	酸化銅リチウム電池	1.5
L	アルカリ乾電池	1.5
P	空気亜鉛電池	1.4
S	酸化銀電池	1.55
Z	ニッケル系一次電池	1.5

表 3-2-2　乾電池の記号とサイズ

	日本	アメリカ	国際規格（IEC）／日本工業規格（JIS）	直径（mm）	高さ（mm）
円筒型単電池	単1形	D	R20	34.2	61.5
	単2形	C	R14	26.2	50.0
	単3形	AA	R6	14.5	50.5
	単4形	AAA	R03	10.5	44.5
	単5形	N	R14	12.0	30.2
	単6形	AAAA	R8（IECのみ）	8.3	42.5
平型6層電池	006P形	006P	6F22 / 6R61	17.5×26.5	48.5

電池といいます。積層電池を表すには、先の表記で、先頭に積層している電池の個数を記入します。6個の角型のアルカリ乾電池が入っている006P形電池は6LF22となり、6個の単6のアルカリ乾電池が入っている006P形電池は6LR61となります。

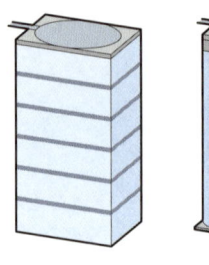

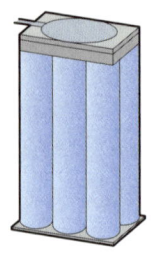

図 3-2-1　006P 型乾電池

● 液漏れ

かなり改善されましたが、かつては乾電池のクレームのうち約80％が液漏れについてでした。

液漏れは、過放電、逆電流によって生じます。過放電とは、終止電圧よりもさらに放電を続けて使用することをいいます。たとえば長い間放置すると液漏れをすることがあります。また機器に長時間入れっぱなしにしていると、機器が動作しないときにも微小電流が流れ続け、過放電になります。逆電流

Column
あまり見かけない電池

日常あまり見かけない乾電池をいくつか紹介しましょう。図3-2-Aは単5形と同じ形状ですが、電圧が12ボルトです。「23A」といいます。キーレスエントリー、防犯用ブザー、ドアチャイムなどに使われます。中にはボタン電池が8個入っています。図3-2-Bは大容量大型乾電池です。マンガン電池を並列に繋いだ「平3形」(1.5V)、直列に繋いだ「平5形」(3V)などがあります。通信用に使われます。

図 3-2-A　「23A」電池　　　図 3-2-B　大容量大型電池

は、本来の向きとは逆向きに電流を流すことです。1本だけ電池を逆向きに接続したときなどに起こります。

過放電、逆電流により、電池内部で水素が発生し、内圧が上昇し破裂する危険性があります。これを防ぐために、安全弁が開く構造になっています。このとき水素と一緒に液が漏れます。液漏れを起こしやすいのはアルカリ乾電池で、次いでマンガン乾電池です。他の電池はほとんど液漏れしません。

漏れ出す液体は水酸化ナトリウムあるいは水酸化カリウムです。端子を腐食したり、機器内部を腐食することがあります。水溶液は劇物で、直接手で触れると危険です。目に入ると失明することもあります。白色に結晶化しますが、水溶液ほどの害はありません。市販されている接点洗浄剤あるいは酢などで溶かすことができます。

図 3-2-2 使用推奨期限表示

●使用推奨期限

乾電池には使用推奨期限が刻印されています（図3-2-2）。そのときまでに使用を開始すれば、正常に動作するという期限です。使用を終えなさいという期限ではありません。乾電池本体、あるいはボタン電池の場合は梱包部分に表示されています。月2桁－西暦年号の書式で記載されています。

使用推奨期限はメーカーが独自に定めることになっています。代表的な電池の使用推奨期限を表3-2-3に示します。なお国際規格では電池が使えなくなる目安の期限を定めています。

表 3-2-3 使用推奨期限

		使用推奨期限
マンガン乾電池	単1、単2	3年
	単3、単4	2年
	006P型	1.5年
アルカリ乾電池	単1、単2、単3、単4	5年
	単5、006P形	2年
アルカリボタン電池		2年
酸化銀電池		2年
空気電池		2年
リチウムコイン電池		5年
筒型（カメラ用）リチウム電池		5年

3-3 ボタン電池

●ボタン電池とコイン電池の解釈

ボタン電池、コイン電池という用語については様々な捉え方があります。

① 直径が小さく厚めのものをボタン電池、直径が大きく薄型のものをコイン電池として区別することがあります。コイン型の多くは一次電池ですが、二次電池にもコイン型があります。

② 二次電池に対しては①のように形状で区分し、一次電池についてはアルカリ電池、空気亜鉛電池、酸化銀電池をボタン電池、リチウム電池についてはコイン電池という用語を用います。

③ 一次電池をボタン電池、二次電池をコイン電池と区別する場合もあります。

④ ボタン電池とコイン電池を同じ意味として用いる場合もあります。

本書では特にことわらない限りは②の解釈を採ることにします。

一次電池のほとんどは液がこぼれない構造になっているという意味で乾電池（広義の乾電池）です。しかし日常生活では、一次電池のうち単1～単6型、006P型を乾電池（狭義の乾電池）といっており、コイン電池、ボタン電池とは区別します。

ボタン電池は乾電池と比べて小型ですが、一方で容量が少ないという弱点を抱えています。これらの特質を考えて、時計、おもちゃ、電卓などの小型でかつ消費電力の少ない機器に使用されます。

●表示形式

乾電池の場合と同様、「電池系の種類＋形状＋サイズ」という形式で表示します。それぞれ1文字の英字、1文字の英字、1文字以上の数字で記載します。電池系の種類の記号を表3-3-1に示します。酸化銀電池はほとんど時計用に使われます（3-7節参照）。また、空気亜鉛電池は主に補聴器に使われます（3-8節参照）。ニッケル水素電池は二次電池ですが、形状がボタン型をしているためにこの表に含めました。

表 3-3-1　ボタン電池の種類を表す記号

記号	電池系	公称電圧(V)
B	フッ化黒鉛リチウム電池	3
C	二酸化マンガンリチウム電池	3
G	酸化銅リチウム電池	1.5
L	アルカリ電池	1.5
M	水銀電池	1.35
P	空気亜鉛電池	1.4
S	酸化銀電池	1.55
H	ニッケル水素電池	1.2

表 3-3-2　ボタン電池のサイズ記号

記号	直径(mm)	厚み(mm)
R41	7.9	3.6
R43	11.6	4.2
R44	11.6	5.4
R48	7.9	5.4
R54	11.6	3.05
R55	11.6	2.05
R70	5.8	3.6

　ボタン電池の形状は円筒型ですから記号はすべてRです。

　寸法は記号で表示する場合と、数値で表示する場合があります。

　記号表示の場合の記号とサイズの関係を表3-3-2に示します。数値で表示する場合は3桁あるいは4桁の数字で表示します（図3-3-1）。3桁の場合は前1桁が直径、4桁の場合は前2桁が直径になります。ともに後ろ2桁が厚さを示します。たとえばCR1216と表示されていれば、電池の種類は二酸化マンガンリチウム電池で、形は円筒型、直径が12mm、厚さが1.6mmということになります。

図 3-3-1　サイズの数値表示

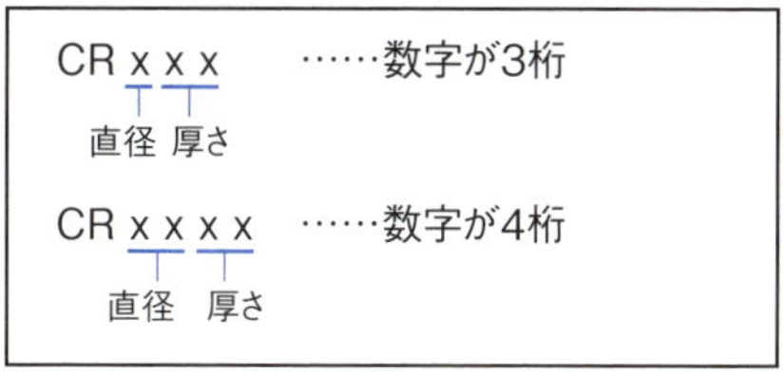

```
CR x x x　　……数字が3桁
   直径 厚さ

CR x x x x　……数字が4桁
   直径 厚さ
```

●ボタン電池の容量

　ボタン電池は小型ではありますが、容量が少ないという欠点があります。単3形アルカリ乾電池と比較したものを表3-3-3に示します。ボタン電池は単3電池に比べると格段に容量が少ないことがわかります。酸化銀電池の容量はアルカリボタン電池の約2倍あることがわかります。また、空気亜鉛電池はサイズのわりには、非常に容量が多いこともわかります。

表 3-3-3　ボタン電池の容量（単 3 形アルカリ乾電池との比較）

電池の種類		体積比率（単3型基準）	容量（mAh）
円筒型乾電池	単3形アルカリ乾電池	1.0	約2000
ボタン電池	アルカリボタン電池（LR44）	0.22	100
	酸化銀電池（SR44）	0.22	180
	空気亜鉛電池（PR44）	0.22	620

● **極性と取り扱い方**

　ボタン電池の極性を図3-3-2に示します。型番などが刻印されている面が正極、底面が負極です。ボタン電池は薄いため、ちょっとした不注意で正極と負極が電気的に接続し、ショートしてしまい、発熱、破裂、発火を起こすことがあります。複数個の電池、鍵、ク

図 3-3-2　ボタン電池の極性

正極　　　負極

Column
ボタン電池の誤飲

　乳幼児の誤飲で多いもののひとつがボタン電池です。リチウム電池の場合には、電圧が高いために胃酸によって覆っている金属が腐食することがあります。また、金属皮膜はすぐには壊れなくても、消化管の中で放電すると電気分解によってアルカリ性の液を生成し、しだいに金属皮膜が腐食してしまい、漏液により消化管壁に潰瘍を作ります。30分から1時間で潰瘍を作ってしまうこともあるので、内視鏡を使って取り出す必要があります。アルカリ電池の場合にも、胃酸によって電池の金属皮膜が腐食し、アルカリ性の液が出てきて、胃の壁を損傷することがあります。使い切った電池の場合には経過を観察しながら便とともに排出するのを待ちます。幼児のいる家庭などでは、保存場所には十分に気をつけましょう。

リップなど金属製品などと混在して保存したり、持ち運びしたりすると危険です。表裏面にセロテープを貼って絶縁するといいでしょう。

電池の入れ替えなどで触れるときには、両面をはさむことを避け、必ず側面をつかんでください。ピンセットは必ずプラスチックなどの非導電性のものを使いましょう。また、ノギスで高さを測ったり、一般のアナログテスターで電圧を測定することもやめましょう。ショート状態になり、使えなくなることがあります。

●互換性と価格

酸化銀電池とアルカリ電池の公称電圧は1.55Vと1.5Vです。したがって寸法が同じであれば、基本的には互換性がありますが、厳密には機器によって異なるので、機器や電池の説明書、メーカーのホームページなどをみて調べてください。

各種ボタン電池の価格を表3-3-4に示します。アルカリボタン電池、空気亜鉛電池、酸化銀電池の順に高くなります。長時間安定的に使いたい場合には、酸化銀電池、価格を優先するのであればアルカリボタン電池という選択になるでしょう。酸化銀電池のエネルギー密度はアルカリボタン電池の約倍、価格は約2.5〜3倍です。

表3-3-4 ボタン電池の希望小売価格（パナソニックHP）

種類	名称	価格（円）
アルカリボタン電池	LR41	210
	LR1130	210
	LR44	210
酸化銀電池	SR41	525
	SR1130	1130
	SR44	735
空気亜鉛電池	PR41	210
	PR44	394

3-4 マンガン乾電池

●一世を風靡した電池

ルクランシェ電池を改良して乾電池にしたものがマンガン乾電池です。一世を風靡しましたが、2008年3月をもって国内生産は終了しました。現在流通しているものは海外生産品です。

国内で流通しているのは、単1〜単5の円筒型と角型（006P形）です。マンガン乾電池はJISで等級区分が定められており、規格記号の末尾に付与します。表3-4-1の4段階に分かれています。青マンガンは一般の店頭ではあまり見かけませんが、最初から機器の中に組み込まれた状態で出回っています。赤マンガン、青マンガンはすでに海外でも生産中止になっています。黒マンガンの容量は赤マンガンの約1.4倍です。

マンガン乾電池は時計、リモコン、ガス・石油ストーブの点火、ドアチャイムなど微弱な電流を間欠的に使用する機器に向いています。

負極活物質は亜鉛、正極活物質は二酸化マンガンです。電解質はルクランシェ電池では塩化アンモニウムが用いられましたが（1-9節参照）、現在は塩化亜鉛、あるいは塩化亜鉛と塩化アンモニウムの水溶液を用いています。塩化亜鉛を用いると水を消費して反応するので、液漏れの問題が低減し、出力も大きくできます。

表 3-4-1　マンガン乾電池の種類

記号	S	PU	P	C
区分	超高性能	超高性能	高出力	高性能
呼称	黒マンガン006P型	黒マンガン	赤マンガン	青マンガン

また、亜鉛は標準電極電位が低いために、気体のH_2が発生しやすいという問題があります。従来は水銀を添加していましたが、現在は鉛やインジウムを加えることによって、水銀は使用しなくなりました。

●構造

構造を図3-4-1に示します。負極活物質は亜鉛ですが、電池材を入れる容器の役割もしています。この内側にセパレーターが設けられます。セパレーターは紙や不織布からできおり負極と正極を絶縁する役目をします。多くの孔があり電解質を保持します。

図3-4-1 マンガン乾電池の構造

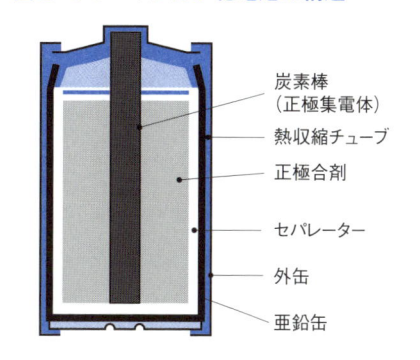

セパレーターの内側には正極合材を詰めます。正極合剤は正極活物質である粉末状二酸化マンガン、伝導性を増すための炭素の粉などの導電助剤、ゲル化剤を加えた電解質をまぜたものです。中心に電気を導くための集電体の棒を挿入します。集電体は導電性が良好であるだけでなく、電解質や活物質などと反応しない安定な物質でなければなりません。炭素棒がよく用いられます。

●放電特性

放電特性を図3-4-2に示します。横軸は一定の電流を流し続けたときの時間です。時間が0のときの電圧を初期電圧といいますが約1.6Vです。マンガン乾電池の場合、使用時間とともに電圧が減少するのが特徴です。この特性を利用して、ある時点の電圧V0を知ることによって、残存時間を予測することができます。

図3-4-2 マンガン乾電池の放電特性

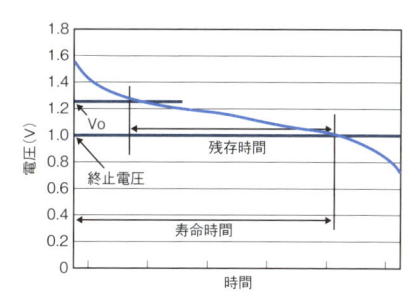

3-5 アルカリ乾電池

●普及率ナンバーワンの電池

アルカリ乾電池はもっとも普及している一次電池で、アルカリマンガン乾電池ともいいます。国内では1959年に日立マクセルが最初に生産を開始しました（図3-5-1）。単1から単5、006P型、ボタン電池などがあります（図3-5-2）。公称電圧は1.5Vでマンガン乾電池と同じです。マンガン乾電池に比べて、出力が大きく容量が多いのが特徴です。モーター駆動など大きな電流が連続して流れる機器に適しています。

図3-5-1 日立マクセルから発売された日本初のアルカリ乾電池

図3-5-2 単1～5、006P型のアルカリ乾電池（日立マクセル）

図1-2-3に示したように一次電池全体の市場は減少傾向ですが、アルカリ電池はこの15年間ほぼ一定値を維持しています。各社からさまざまなブランド名で発売されていますが、代表的なブランド名を表3-5-1に一覧にします。シェアはパナソニックがトップ、次に富士通、日立マクセルと続きます。

●容量とサイズ

赤マンガンに比べると2～3倍、黒マンガンと比べると1.5～2倍の容量があります。しかし使い方によっては、これ以上使えますし、逆にここまで使えないこともあります。

電池はサイズが大きいほど容量が増えます。単3の容量を基準にしたときの各サイズの容量を表3-5-2に示します。単1は単3の約6倍、単4は単3の約半分です。

表 3-5-1 アルカリ乾電池のブランド一覧

メーカー	商品ブランド	写真
パナソニック	EVOLTA（エボルタ）	
富士通（FDK）	PremiumG（プレミアムG）	
日立マクセル	VOLTAGE（ボルテージ）	
ソニー	STAMINA（スタミナ）	
三菱電機	POWERアルカリEX	
東芝（FDKよりOEM）	IMPULS（インパルス）	

●構造

・アルカリ乾電池の構造

マンガン乾電池と同じく負極活物質は亜鉛、正極活物質は二酸化マンガンを用います。電解質に水酸化カリウムを用いていることが一番の特徴です。水酸化カリウム水溶液は導電性がよく、内部抵抗が小さい電解液です。

表 3-5-2 電池の大きさと容量

電池の種類	容量（mAh）	相対値
単1	12500〜17000	約6
単2	5700〜7700	約3
単3	2000〜2700	1
単4	850〜1300	約0.5
単5	650〜900	約0.3

構造を図3-5-3に示します。マンガン乾電池と逆で内側に負極剤、外側に正極剤が納められています。正極集電体は缶になっており、中に正極合剤が入ります。正極合剤は正極活物質の二酸化マンガンと導電性を高めるための炭素粒などを混ぜたものです。さらに、この内側に正極と負極を絶縁するため

のセパレーターが入っています。セパレーターには電解液が染み込ませてあります。

　負極に粉末状の亜鉛を用いているのがアルカリ乾電池の第二の特徴です。反応の表面積が広くなり、内部抵抗が小さく出力を大きくすることができます。また、ビスマスやインジウムを加えて水素の発生を抑えています。炭素棒の集電体を差し込むことによって粉末亜鉛からの電子を効率よく電極に導くことができます。以前は赤マンガン、黒マンガンよりも高級品ということでゴールドのパッケージがよく使われましたが、最近はそのような区別はなくなりました。

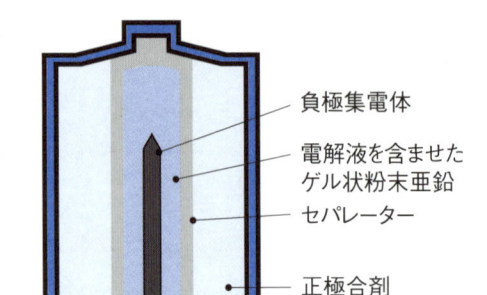

　マンガン乾電池は負荷が小さい時計、リモコン、懐中電灯などに適していましたが、アルカリ電池はマンガン電池よりも内部抵抗が小さいので、ラジカセ、強力ライト、ラジコンなどもう少し電力の大きな用途にも使うことができます。また、自己放電が少ないので長期保存することができます。

・**アルカリボタン電池の構造**

　正極合剤、負極合剤はアルカリ乾電池と同じです。容積が小さいので炭素棒は使われず、容器缶が集電体を兼ねています（図3-5-4）。

図 3-5-3　アルカリ乾電池の構造

- 負極集電体
- 電解液を含ませたゲル状粉末亜鉛
- セパレーター
- 正極合剤
- 正極集電缶

●化学反応

　電解質に水酸化カリウムの水溶液、負極活物質、正極活物質はマンガン乾電池と同じで、それぞれ亜鉛および二酸化マンガンを用います。そのためにアルカリマンガン乾電池とも呼ばれます。

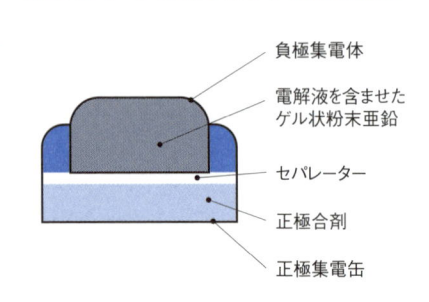

$$負極：Zn + 2OH^- \rightarrow ZnO + H_2O + 2e^-$$

図 3-5-4　アルカリボタン電池の構造

- 負極集電体
- 電解液を含ませたゲル状粉末亜鉛
- セパレーター
- 正極合剤
- 正極集電缶

正極：$2MnO_2 + H_2O + 2e^- \rightarrow Mn_2O_3 + 2OH^-$

全体：$Zn + 2MnO_2 \rightarrow Mn_2O_3 + ZnO$

4価だったMnが還元されて3価になります。マンガン乾電池ではH^+が電解液内を移動しましたが、アルカリ電池ではOH^-が移動します。

●使用推奨期限

3-2節でアルカリ乾電池の使用推奨期限は、単1～単4は5年、単5と006P型は2年と説明しましたが、パナソニックのアルカリ乾電池「エボルタ」（図3-5-5）と富士通のアルカリ乾電池「PremiumG」の単1型は10年と宣言しています。エボルタとはパナソニックが製造している電池全般に対するブランド名です。アルカリ乾電池の他に充電式電池なども含まれます。

図 3-5-5　パナソニックのアルカリ電池エボルタ

●持続時間

アルカリ乾電池、マンガン乾電池およびパナソニックのアルカリ乾電池「エボルタ」の持続時間の比較を表3-5-3に示します。電池はすべて単1としています。

「エボルタ」は、アルカリ乾電池をベースに改善した電池です。表では低電流の100mAを流し続けた場合と、大電流の1000mAを流し続けた場合の持

表 3-5-3　アルカリ乾電池の持続時間（パナソニックHP）

電池の種類		100mA		1000mA	
		時間	相対値	時間	相対値
アルカリ乾電池	一般のアルカリ乾電池	130	1	5.3	1
	エボルタ	170	1.3	6.2	1.2
マンガン乾電池	赤マンガン電池	60	0.46	1.4	0.3
	黒マンガン電池	65	0.5	2.2	0.4

続時間を比較しています。電力に換算すると、それぞれ約0.15W、1.5Wです。0.15Wクラスの製品にはポータブルCD、1.5Wクラスの製品には電動歯ブラシ、デジカメなどがあります。アルカリ乾電池は黒マンガン電池に比べて約2倍長く特に大電流のときの改善幅が大きくなっています。

●放電特性

放電曲線を図3-5-6に示します。比較のために黒マンガン電池、赤マンガン電池も併載しています。公称電圧は1.5Vですが、初期電圧は1.6Vです。時間とともに電圧は下がります。

アルカリ電池は充電することができません。充電すると電解液が漏れたり破裂したりすることがあるので絶対にやめましょう。

図3-5-6　アルカリ電池の放電特性

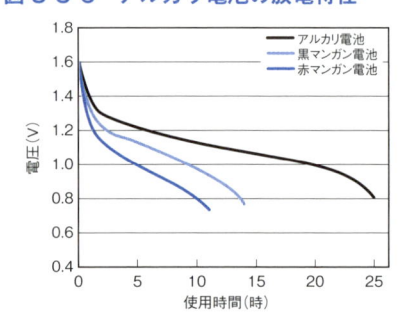

しかし海外の一部のメーカーでは充電式のアルカリ電池を販売していますし、国内でも通販などでアルカリ電池の充電器が販売されています。そもそも反応式自体が可逆ではないのに充電できるのはどうしてなのでしょうか。

アルカリ電池が放電して寿命が尽きるのは活物質がなくなるからではなく、放電とともに反応を阻害する物質が生成されるためです。そのために図3-5-6の放電特性は、使用時間とともに次第に電圧が降下します。充電によって活物質が再生されるのではなく反応阻害物質を除去しているだけです。そのため充電回数は限られます。また、充電するためには電池に安全対策が施されていなければなりません。電池に負担がかからないように微弱なパルス電流で充電するので充電器はアルカリ電池専用のものが必要です。

Column
アルカリ乾電池で自動車のセルは動かせるか？

　アルカリ乾電池を8個直列に並べると12Vとなり、自動車に搭載されている鉛蓄電池と同じ電圧が得られます。それではこの8個の電池で自動車のエンジンをかけることができるでしょうか。結論を先にいってしまうと、アルカリ乾電池の内部抵抗が大きいために不可能です。

　電池は一般に大きくなると内部抵抗は小さくなるので、最も大きな出力が得られる単1の電池を使用することを想定します。新品の単1のアルカリ乾電池の内部抵抗は0.1〜0.2Ωです。したがって8個を直列につなぐと0.8〜1.6Ωとなります。そこで、1.2Ωとして計算してみます。セルモーターの抵抗は約0.1Ωです。オームの法則を用いて、セルモーターにかかる電圧を計算すると、なんと0.9Vにしかなりません。一方、鉛蓄電池の内部抵抗は0.01Ωと非常に小さな値です。したがってセルモーターにかかる電圧は、11Vとなり、十分な電圧を確保することができます。

　それでは乾電池を用いてエンジンをかけるにはどうすればいいでしょうか。いったん、乾電池で数分間鉛蓄電池を充電してからであれば、エンジンを始動させることができます。鉛蓄電池を充電するには12Vの電圧をかける必要がありますので、内部抵抗を考慮すると、8個ではなく10個位を直列接続する必要があります。セルモーターを回すには100Aの電流を数秒間流さなければなりません。数100クーロンの電荷量が必要です。数分間充電すれば、この程度の電荷を蓄えることができ、その鉛蓄電器を用いてエンジンをかけることができるでしょう。

表3-5-A　アルカリ電池と鉛蓄電池

	アルカリ電池8個	鉛蓄電池1個
電圧	12V	12V
抵抗	内部抵抗合計0.8〜1.6Ω ≫セルモーター内部抵抗：0.1Ω	内部抵抗0.01Ω ≪セルモーター内部抵抗:0.1Ω
セルモーターにかかる電圧	0.7〜1.3V → 始動不能	11V → 始動可

3-6 ニッケル系一次電池

●デジカメ用として登場

アルカリ乾電池を改良したものとして、2002年～2004年にかけて各社が開発しました。二次電池のニッケル水素電池と紛らわしい名前ですので、区別するためにあえて一次電池と断っています。東芝、パナソニック、ソニーなどが市場に参入しました（図3-6-1）。多くの枚数が撮影できる高性能電池として受け入れられました。

●容量と放電特性

パナソニックのニッケル系一次電池であるオキシライド乾電池は当時のアルカリ乾電池と比べて、大容量が得られる電池として出現しました。特に大電流域での持続時間はアルカリ乾電池の2倍です（図3-6-2）。デジカメのフラッシュ撮影ではアルカリ乾電池と比べて撮影枚数は倍以上となりました。

アルカリ乾電池と比較した放電曲線を図3-6-3に示します。終止電圧に達するまで、一定の高い電圧を維持しているのが特徴です。

●構造と化学反応

構造はアルカリ乾電池とほとんど同じです（図3-6-4）。正極に二酸化マンガンの他にオキシ水酸化ニッケ

図 3-6-1 各社のニッケル系一次電池（左からGigaEnergy（東芝）、オキシライド乾電池（パナソニック）、ニッケルマンガン電池（ソニー））

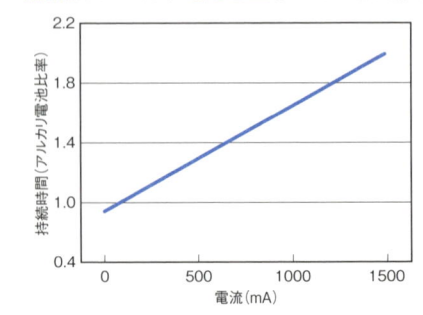

図 3-6-2 ニッケル系一次電池の持続時間（縦軸はアルカリ電池を基準とした相対値）

図 3-6-3　ニッケル系一次電池の放電特性

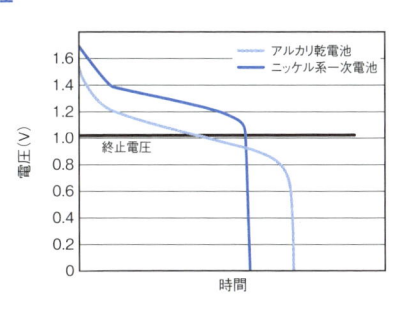

図 3-6-4　ニッケル系一次電池の構造

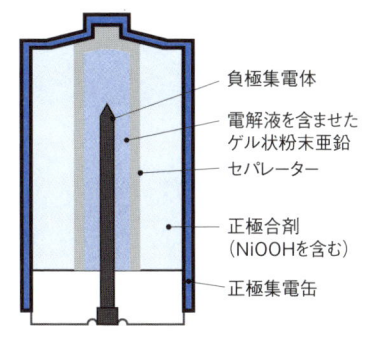

ル（NiOOH）が加えられているのが特徴です。電解液、負極材料はアルカリ乾電池と同じです。化学反応式は以下のとおりです。

負極：$Zn + 2OH^- \rightarrow ZnO + H_2O + 2e^-$

正極：$NiOOH + MnO_2 + 2H_2O + 2e^- \rightarrow Ni(OH)_2 + MnOOH + 2OH^-$

全体：$NiOOH + MnO_2 + H_2O + Zn \rightarrow Ni(OH)_2 + MnOOH + ZnO$

負極での反応はアルカリ乾電池と同じです。4価だったMnが3価に、3価だったNiが2価に還元されています。

●市場での失速の理由

しかし、ニッケル一次電池は2007年～2008年にかけて次の理由によりほとんど姿を消してしまいました。

① アルカリ乾電池の性能が向上したために優位性が少なくなった。特にパナソニックはアルカリ乾電池「エボルタ」を開発した。

② 低電流域ではアルカリ乾電池のほうが持続時間が長く、多くの機器での出番がなくなった。

③ 用途がデジカメ、ミニ4駆に限定されてしまったうえに、デジカメの消費電力が下がってしまい、またミニ4駆の一部の大会でオキシライド電池が使用禁止になるなど、活躍できる場が少なくなった。

④ 初期電圧がアルカリ乾電池の1.6Vに対して1.7Vと高く、機器の発熱や寿命の劣化などを引き起こすことがあり、使用禁止となる機器が現れた。

3-7 酸化銀電池

●時計用途が主力

図 3-7-1　酸化銀電池

1976年に日立マクセルが日本で最初に製品化しました。ほとんどがボタン型で主に時計に用いられています（図3-7-1）。持続時間が長く、また使い切るまでほとんど電圧も下がらないという特徴があり、精密機器にもよく用いられます。自己放電も少ないので長期にわたって使用することができます。

当初は腕時計のほかに電卓、携帯ゲーム機などにも使われました。しかし安価な電池が求められる分野では、アルカリボタン電池に取って代わられました。デジタルクォーツ腕時計では、クォーツおよびICの駆動以外にも、液晶表示、アラーム音の発生、ランプの点灯に電力が必要となり、酸化銀電池の容量では不足し、しだいにリチウム一次電池に置き換わりました。唯一残された大きな市場はアナログクォーツ腕時計だけになりました。

●放電特性

図 3-7-2　酸化銀電池の放電特性

酸化銀電池の放電特性を同じサイズのアルカリ電池と比較して図3-7-2に示します。放電の末期まで一定の電圧を維持しているのが特徴です。また、終止電圧（1V）にまで達する時間が、アルカリ乾電池の1.5倍以上になっています。一方で価格は約2倍と高価です。

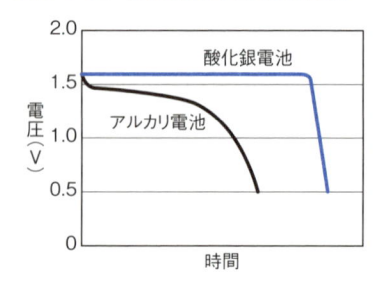

●サイズと構造

非常に多くのサイズが提供されています。ソニーだけでも、実に40種類以

上も発売しています。もっとも小さいのは直径4.8mm 高さ1.0mm です。

酸化銀ボタン電池の構造を図3-7-3に示します。負極合剤にはアルカリ乾電池と同じく、粒状亜鉛、電解液、ゲル化剤を混ぜたものを、正極合剤には活物質である酸化銀に、電導性を高めるために数％の黒鉛を添加します。酸化銀を使っているために価格が高くなります。電解液には水酸化カリウム、あるいは水酸化ナトリウムの水溶液を用います。水酸化カリウムのほうが大電流特性、低温時の放電特性が優れています。逆に漏液を嫌う用途には水酸化ナトリウムのほうが優れています。

図 3-7-3　酸化銀電池の構造

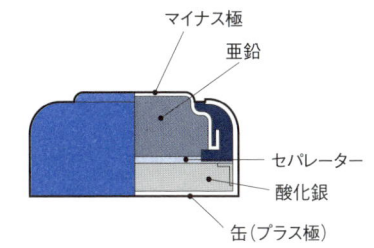

●ハイレートタイプとローレイトタイプ

表示形式の末尾にW あるいはSW と表記されている場合があります。ついていないものが一般用で、ついているものが時計用です。W はハイレートと呼ばれ、電解液は水酸化カリウムが使われています。重負荷用で、アラーム、ライト付きなどの多機能時計に用いられます。SW はローレイトと呼ばれ、電解液は水酸化ナトリウムです。軽負荷用で、一般のアナログ時計に用いられます。

●化学反応

化学反応式は以下のとおりです。

負極：$Zn + 2OH^- \rightarrow ZnO + H_2O + 2e^-$（標準電極電位 -0.76V）

正極：$Ag_2O + H_2O + 2e^- \rightarrow 2Ag + 2OH^-$（標準電極電位 0.80V）

全体：$Zn + Ag_2O \rightarrow ZnO + 2Ag$

反応が進むと銀が析出するために導電性が維持され、電圧を一定に保つことができます。理論的な起電力は1.56V（＝0.8+0.76）です。

ソニー製のボタン電池SR1120SW（直径11.6mm、高さ2.1mm、質量0.89 g、容量55mAh）の銀の含有量を計算すると0.22gになります。全質量の約1/4が銀です。

3-8 空気亜鉛電池とその他の空気電池

●主な用途は補聴器

　空気亜鉛電池の歴史は古く、1907年にフェリーによって発明されました。現在はボタン型電池がほとんどで、主に補聴器に使われています（図3-8-1）。以前は、通常の補聴器用と高出力補聴器用があり、通常の補聴器の品番は、たとえばPR44という記号が使われ、高出力用にはPR44Pのように末尾にPを付与していました。しかし、現在は性能が向上しこのような区別はなくなり、PR44に統合されました。製品仕様を表3-8-1に示します。

図3-8-1　空気亜鉛電池（ネクセル）

表3-8-1　空気亜鉛電池の製品例（ネクセル社HP）

製品番号	PR536	PR41	PR48	PR44
公称電圧(V)	1.4	1.4	1.4	1.4
公称容量(mAh)	85	155	270	620
質量(g)	0.3	0.5	0.8	1.8
使用温度範囲(℃)	-10〜+50			

●放電特性

　放電曲線を図3-8-2に示します。公称電圧は1.4Vで放電末期までこの電圧を維持します。酸化銀電池に比べて重量エネルギー密度は4倍近く、体積エネルギー密度は2〜3倍もあります。

図3-8-2　空気亜鉛電池の放電特性（スズデンHP参照）

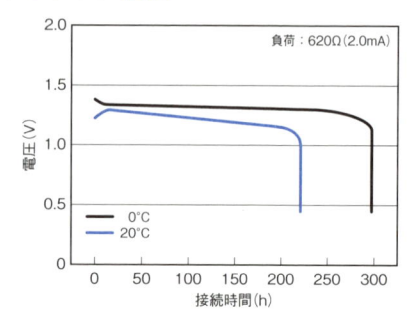

●化学反応

　負極活物質は亜鉛、正極活物質は酸素、電解液は水酸化カリウムが主流です。酸素は空気中から取り込みます

（図3-8-3）。そのために正極活物質のスペースが不要となり、すべてを負極活物質に使うことができ、容量が増えます。化学反応式は以下のとおりです。

負極：$Zn + 2OH^- \rightarrow ZnO + H_2O + 2e^-$

正極：$O_2 + 2H_2O + 4e^- \rightarrow 4OH^-$

全体：$2Zn + O_2 \rightarrow 2ZnO$

負極での反応は酸化銀と同じです。電極電位は-1.25Vです。

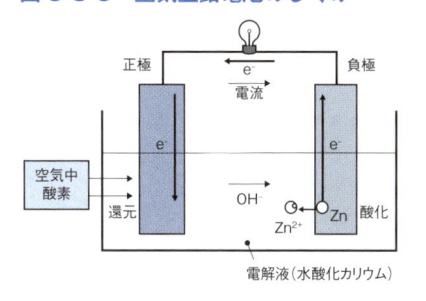

図3-8-3　空気亜鉛電池のしくみ

正極では空気中から取り込んだ酸素が還元されます。この反応を進めるために触媒を使います。電極電位は0.4Vです。全体の電位は0.4-(-1.25)=1.65Vとなります。

● 構造

負極合剤はアルカリ乾電池や酸化銀電池と同じです。ほとんどの容積を負極合剤が占めています（図3-8-4）。容器の底には空気を取り込むための空気孔が1〜2個設けられています。高出力にするにはこの数を多くしたり、孔の面積を大きくします。未使用状態ではシールが貼られています。

図3-8-4　空気亜鉛電池の構造

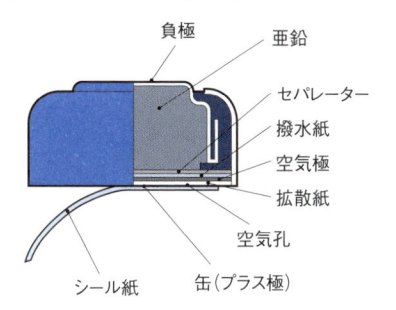

拡散紙は取り込んだ空気を均等に空気極に送り込む役目をします。撥水紙は空気極へ空気を送る役目と電解液が外部へ流出するのを防止する役目をします。空気極はネット状のニッケル合金に、触媒とフッ素樹脂膜を圧着して製作します。電解液には、水酸化カリウムの水溶液を用います。セパレーターは空気極と負極物質を絶縁するためのものです。

● 使い方

シールは使う直前にはがします（図3-8-5）。30秒〜1分間待って電圧が安

定してから使うことができます。一度はがしたシールを貼りなおして保管することはできませんが、劣化を抑えることはできます。しかし、シールならなんでもいいというわけではありません。

空気亜鉛電池は優れた性能を持っていますが、一方で、二酸化炭素により劣化しやすい、気温5℃以下になると寿命が短くなる、最適湿度は60％で、高くても低くても寿命が短くなるという欠点があります。

図3-8-5　空気亜鉛電池の使い方：使用時にシールをはがす

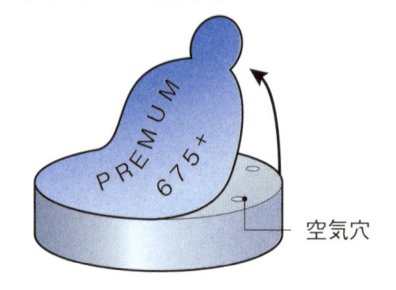

空気穴

● その他の空気電池

正極活物質に酸素を用いる電池は空気亜鉛電池だけではありません。実用化されているのは空気亜鉛電池だけですが、各種負極材と組み合わせることによって様々な空気電池を実現することができます。特に最近、マグネシウム、リチウム、アルミニウムを用いた空気電池の研究が活発に進められています。

各種空気電池の電圧とエネルギー密度の理論値を表3-8-2に示します。空気電池によって格段に大容量化、あるいは軽量小型化できる可能性があることがわかります。

リチウム空気電池は二次電池としての研究が積極的に進められていますので、4-16節で説明します。マグネシウム空気電池とアルミニウム空気電池について説明します。

● マグネシウム空気電池

マグネシウムは海水中に豊富に存在し、リチウムと比べると入手が容易な材料です。マグネシウム空気電池は負極にマグネシウムを用い、電解質としてNaCl水溶液を用います。負極と正極を総合した全化学反応式は次のようになります。

全体：$2Mg + O_2 + 2H_2O \rightarrow 2Mg(OH)_2$

水酸化マグネシウムが生成し、電極表面を覆うと電流が流れにくくなりま

表 3-8-2　空気電池のエネルギー密度

電池の種類	電圧（V）	質量エネルギー密度（Wh/g）	体積エネルギー密度（Wh/cm³）	
リチウム空気電池	2.91	11.1	5.8	理論値
マグネシウム空気電池	2.93	6.46	11.2	
アルミニウム空気電池	2.71	8.1	21.8	
亜鉛空気電池	1.65	1.35	9.5	
リチウムイオン電池	3.7	0.2	0.52	実測値
アルカリ乾電池	1.5	0.036	0.11	

す。しかしこの問題についてはほとんど解決され、現在では反応のネックになっているのは、正極での酸素の吸収速度です。

しかし2次電池として利用するのはかなり難しく、現在のところサイクル回数は10回程度です。一次電池として利用するときには、反応によって生まれた水酸化マグネシウムのリサイクルが必要ですが、以下の方法が提案されています。

①2300℃太陽炉で熱分解する（東北大小濱教授開発）
②レーザーで分解する（東工大矢部教授開発）

2012年12月東北大小濱 教授らのグループはマグネシウム電池を搭載した3輪電気自動車で福島県いわき市－仙台市間100ｋｍを走行しました。

●アルミニウム空気電池

負極にアルミニウム、あるいはアルミニウム合金が用いられます。放電の全体の化学反応式は次式のようになります。

　　全体：$4Al + 3O_2 + 6H_2O \rightarrow 4Al(OH)_3$

生成される水酸化アルミニウム（場合によっては酸化アルミニウム）が電極上に析出してしまい、反応を阻害するという問題があります。これらは非常に安定しており、除去することが難しく、特に二次電池として使用するには大きな課題です。一次電池として実現できたとしても、生成した水酸化アルミニウム（場合によっては酸化アルミニウム）からアルミニウムを取り出すリサイクルの問題も残ります。

3-9 リチウム一次電池

●高性能な電池

　リチウムは電池の負極材として非常に優れた材料です（表2-3-1参照）。金属リチウムを負極活物質とした電池をリチウム電池といい、一次電池と二次電池があります。二次電池のリチウムイオン電池は、負極にリチウムイオンを吸蔵する炭素などを使っており、リチウム電池とは異なった種類の電池です。

　1960年から米国で宇宙開発や軍用を目的として研究が始まり、1976年に松下電池工業が世界で最初に量産化を開始しました。当時デジタルウオッチが普及し始め、酸化銀電池が使われていましたが、寿命が2～3年程度とアナログウオッチの半分くらいしかありませんでした。しかし、リチウム一次電池の登場によって5年位に伸び、しだいに酸化銀電池からリチウム一次電池に置き換えられていきました。

　現在では、デジカメ、パソコンや家電製品の内部時計用電源、半導体メモリ（RAM）のバックアップ用など広く使われています。一次電池の約30％をリチウム一次電池が占めています（図1-2-4参照）。

●種類

　リチウム一次電池は、正極の素材によって分類できます。国内で製造、販売されている主なリチウム一次電池を表3-9-1に示します。二酸化マンガンリチウム電池がもっとも普及しています。

　リチウム一次電池は高い電圧が得られることに大きな特徴がありますが、硫化鉄リチウム電池と酸化銅リチウム電池は

表3-9-1　リチウム一次電池の種類

記号	電池系	正極	公称電圧
B	フッ化黒鉛リチウム電池	フッ化黒鉛	3.0
C	二酸化マンガンリチウム電池	二酸化マンガン	3.0
E	塩化チオニルリチウム電池	塩化チオニル	3.6
F	硫化鉄リチウム電池	硫化鉄	1.5
G	酸化銅リチウム電池	酸化銅(II)	1.5

あえて電圧を1.5Vとしています。1.5Vの乾電池、ボタン電池の代替えを狙ったものです。従来の電池に比べて、容量が大きく、長期保存性にも優れているという特徴を持っています。

●特性

　リチウムは常温では銀白色の固体で、水よりも軽く比重は0.53です。ナトリウムやカリウムと同じくアルカリ金属に属します。水と激しく反応し、場合によっては発火します。また空気中に水分があると常温でも窒素と反応します。そのために空気中で扱うことはできず、アルゴン中で扱います。電池として利用する際には安全性に十分に配慮しなければなりません。

　地球に豊富に埋蔵しており、電気自動車で需要が増えたとしても不足することはありません。ただ国情によっては不安定な面もあります。水と反応しやすいので、水溶液の電解液を用いることはできません。非水溶液の有機溶媒あるいは固体電解質を用います。

　リチウムは亜鉛に比べて標準電極電位の絶対値が大きく、また単位質量あたりの容量が大きくなっています（表2-3-1）。一方単位体積あたりの容量は亜鉛が勝っています。したがってリチウムを負極活物質として用いることによって電圧が高くて、軽い電池が実現できることがわかります。

　リチウム一次電池の特徴をまとめると以下のようになります。
①電圧を3V以上にすることができます。したがって、今まで1.5Vの電池を2個直列につないでいたものが1個だけですみます。なかにはあえて電圧を1.5Vと低くし、乾電池や、亜鉛電池などとの代替を狙った電池もあります。
②大きな電力容量が得られます。アルカリ乾電池の数倍です。
③融点が低い非水溶液を用いますので、低温でも作動します。-40℃の低温から85℃の高温まで使用することができます。
④放電末期までほぼ一定の電圧を維持することができます。
⑤自己放電が少なく、長期間保存することができます。10年経過しても90％以上の容量を維持できます。
⑥有機電解液はにじみ出る性質が少ないので、水溶液よりも漏液の問題が緩和されます。一方で、電気伝導度が低く、大電流を使う用途には適していません。

●用途

 小電流で使用する機器では寿命がつきるまで電池交換が不要な場合もあります。需要が拡大したのは、デジタル腕時計とカメラがきっかけでした。デジタル腕時計は機能が増えるにしたがって電力消費が多くなり、従来の酸化銀電池では寿命が短くほとんどがリチウム一次電池に代わりました。

 デジカメの普及もリチウム一次電池の市場を拡大しました。撮影枚数を大幅に増やすことができました。火災報知機ではほとんどがリチウム一次電池です。5年あるいは10年間動作するので、電池交換が不要なタイプもあります。

 パソコンにも内蔵されており、BIOSの設定データの保存、時計電源に使われています。ほとんど電池交換を気にする必要はありませんが、時刻表示がずれたり、動作が不安定になったりしたら、電池の劣化が原因とも考えられるので、その場合は電池交換が必要になります。

●形状

 円筒型、コイン型、ピン型などが製品化されています。円筒型には内部構造によって、インサイドアウト構造とスパイラル構造があります（図3-9-1、図3-9-2）。インサイドアウト構造は、乾電池に似た構造で活物質を多く詰めることができるので大容量になります。スパイラル構造は、シート状の負極、セパレーター、正極を重ね、ぐるぐる巻きにしたものです。反応する表面積

図 3-9-1　インサイドアウト構造

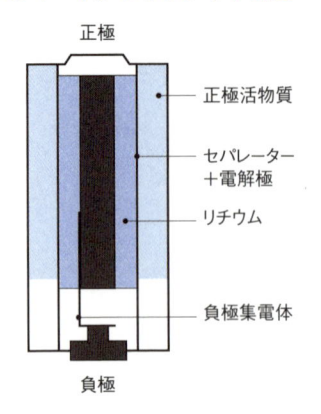

図 3-9-2　スパイラル構造

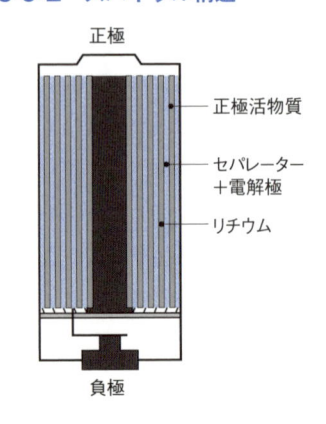

が広くなるので、出力を大きくできます。インサイドアウト構造とスパイラル構造の比較を表3-9-3に示します。

コイン型は、扁平のため反応表面積が大きく比較的大きな出力が得られます。また、負極、セパレーター、正極の層を数組重ねてさらに表面積を広くして出力を大きくしたものもあります。ピン型は電気浮きなどに使われます。2011年2月にFDKはクレジットカードに搭載できる厚さ0.42mmの薄型電池を開発し、同年11月に出荷を開始しました（図3-9-3）。

表 3-9-3　スパイラル構造とインサイドアウト構造の比較

	インサイドアウト構造	スパイラル構造
容量	1.5倍	基準
出力	基準	1.5倍
コスト	低	高

図 3-9-3　薄型リチウム一次電池（FDK）

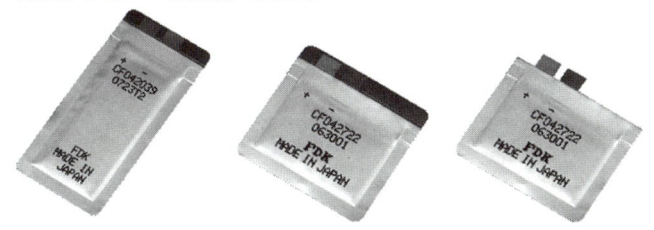

● **電解液**

リチウムは水と反応しやすいので、水溶液の電解液を用いることはできません。非水溶液の有機溶媒あるいは固体電解質を用います。水溶液の電解液に比べると1～2桁電気伝導度が劣り、内部抵抗が大きくなるため、大きな出力を取り出しにくくなります。大電流を取り出す用途に対しては、上で述べたようにボタン型電池では表面積を大きく厚さを薄くし、円筒型ではスパイラル構造にします。

リチウム一次電池は、リチウムが水や空気に対して非常に活性で、電解質に可燃性の有機電解液を用いるため、安全には厳しい配慮を払わなければなりません。JIS規格でも、他の電池よりも安全性について厳しい設計基準、検査基準、使用上の注意事項、廃棄基準が定められています。

3-10 二酸化マンガンリチウム電池

●種類と特徴

リチウム一次電池の中でもっともよく使われている電池です。公称電圧は3Vです。円筒型、コイン型、パック型があります。

図3-10-1 二酸化マンガンリチウム電池・スパイラル構造(パナソニック)

円筒型には大電流が取り出せるスパイラル構造(図3-10-1)と長時間使うことができるインサイドアウト構造(図3-10-2)があります。前者は主にカメラに使われ、後者は火災報知機、計測器、ETCなどに使われます。インサイドアウト構造の右2個は円筒電池が2個入ったパック型になっており電圧は6Vです。

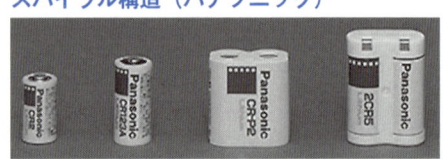

図3-10-2 二酸化マンガンリチウム電池・インサイドアウト構造(パナソニック)

コイン型には、多くの種類があります。表3-10-1にコイン型の種類、標準容量、質量を一覧にして示します。電解液の電気伝導度が悪いために、内部抵抗を下げる必要がありますが、そのために酸化銀電池に比べると直径が大きくなります。OA機器、パソコン、電子辞書、電卓、ビ

表3-10-1 二酸化マンガンリチウム電池の種類とスペック(マクセルHP)

品名	CR2450	CR2430	CR2032H	CR2032	CR2025	CR2016
標準容量(mAh)	610	290	240	220	170	90
標準放電電流(mA)	0.2	0.2	0.2	0.2	0.2	0.1
質量(g)	6.6	4.6	3	3	2.5	1.7
品名	CR1632	CR1620	CR1616	CR1220	CR1216	CR1025
標準容量(mAh)	140	80	55	36	25	30
標準放電電流(mA)	0.1	0.1	0.1	0.1	0.1	0.1
質量(g)	1.9	1.3	1.1	0.8	0.6	0.6

デオカメラ、デジカメ、腕時計などに使われています。回路基板に配置するために、あらかじめタブが接続されているものもあります（図3-10-3）。

図3-10-3　タブが接続された二酸化マンガンリチウム電池（日立マクセルエナジー）

●構造と化学反応

負極はリチウムですが、正極には二酸化マンガンを用います。二酸化マンガン中の水分とリチウムが反応するという問題がありましたが、熱処理をすることによって無水の二酸化マンガンが得られるようになり、実用化することができました。二酸化マンガンは安価で入手しやすい材料です。電解液にはプロピレンカーボネート（炭酸プロピレン）などに過塩素酸リチウムなどを溶解したものを用います。

$$負極：Li \rightarrow Li^+ + e^-$$
$$正極：Li^+ + MnO_2 + e^- \rightarrow MnOOLi$$
$$全体：Li + MnO_2 \rightarrow MnOOLi$$

Mnが4価から3価に還元されています。普通は作動温度範囲は-20℃～+85℃ですが、日立マクセルエナジーでは-40℃から+125℃まで作動する耐熱仕様のものを商品化しています。タイヤ空気圧監視システムなどに用いられています。

●放電特性

コイン型電池CR2430の放電特性を示します（図3-10-4）。20℃における特性をみると、ほぼ放電末期まで一定の電圧を維持していることがわかります。-10℃においても著しい劣化がないことがわかります。

図3-10-4　二酸化マンガンリチウム電池の放電特性（日立マクセルHP）

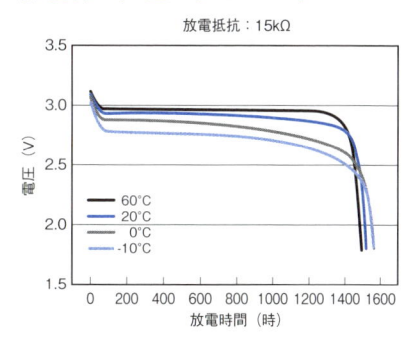

3-11 フッ化黒鉛リチウム電池

●種類と特徴

1976年に当時の松下電池工業（現パナソニック）が最初に商品化しました。公称電圧は3Vと高い電圧が得られ、小型・軽量、高エネルギー密度、自己放電が少ないという特徴があります。寸法が同じであればほとんどの場合、二酸化マンガンリチウム電池と互換性があります。

二酸化マンガンリチウム電池と比較すると、高温での性能が優れている、長期間の保存性に優れているという特徴があります。しかし一方で作動電圧は若干低く、パルス放電特性で劣るという欠点があります。一般的なフッ化黒鉛リチウム電池の最高使用温度は80℃ですが、耐高温電池と謳われるものは125℃です。円筒型（図3-11-1）、コイン型、ピン型があります。図3-11-1の左4本は普及タイプ、右2本は高容量タイプで普及タイプよりも容量が約20％上回ります。長期保存性、信頼性、安全性に非常に優れているので、負荷が少ないメモリのバックアップ電源、10年間無保守のガス自動遮断メーターなど、各種メーターの電源として利用されています。

図3-11-1 円筒型フッ化黒鉛リチウム電池（パナソニック）

コイン型フッ化黒鉛リチウム電池の一覧と性能を表3-11-1に示します。コイン型二酸化マンガンリチウム電池と同じく平らな電池が多いです（図3-11-2）。図3-11-2の右3個は耐高温コインです。耐高温仕様では端子がついています。

図3-11-2 コイン型フッ化黒鉛リチウム電池（パナソニック）

表3-11-1 コイン型フッ化黒鉛リチウム電池の性能（パナソニックHP）

品番	BR1220	BR1225	BR1632	BR2032	BR2325	BR2330
公称容量(mAh)	35	48	120	200	165	255
質量(g)	0.7	0.8	1.5	2.5	3	3.2

●構造と化学反応

負極はリチウムですが、正極にはフッ化黒鉛を用います。フッ化黒鉛自体には導電性がないので導電体を混ぜ合わせます。電解液には四フッ化ホウ酸リチウム（$LiBF_4$）を電解質とした有機溶媒が用いられます。有機溶媒としては、γーブチロラクタン、プロピレンカーボネート、その他が用いられます。低温用、高温用などの用途に応じて使い分けます。化学反応式は以下のとおりです。

負極：$Li \rightarrow Li^+ + e^-$

正極：$nLi^+ + (CF)_n + ne^- \rightarrow C_n(LiF)_n$

全体：$nLi + (CF)_n \rightarrow C_n(LiF)_n \rightarrow nC + nLiF$

●放電特性

一例を図3-11-3に示します。約2.8Vの一定の電圧を放電末期まで維持しています。化学反応式で示したように放電に伴い導電性のカーボンが発生しているためです。図3-11-4には保存性能を示します。10年経過してもほとんど劣化しません。二酸化マンガンリチウム電池との比較を表3-11-2に示します。あまり差がないことがわかります。

表 3-11-2　フッ化黒鉛リチウム電池と二酸化マンガンリチウム電池の比較

	二酸化マンガンリチウム電池	フッ化黒鉛リチウム電池
保存性能	良好	非常に良好
電圧	やや高い	やや低い
負荷特性	良好	やや劣る
容量	同等	基準

図 3-11-3　フッ化黒鉛リチウム電池の放電特性（パナソニック HP）

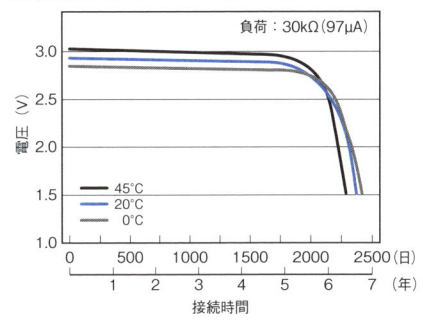

図 3-11-4　自然放電特性（パナソニック HP）

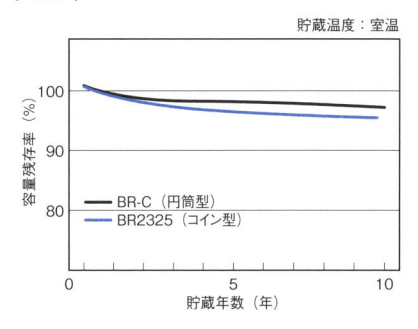

3-12 塩化チオニルリチウム電池

●組み込み用の電池

OA機器、FA機器、マイコンメーター、火災報知機などの組み込み用として用いられており、店頭ではほとんど見かけません。電池記号はEです。主力の円筒型のほかにコイン型、四方型があります（図3-12-1）。

図3-12-1 塩化チオニルリチウム電池

円筒型

コイン型

四方型

●放電特性

図3-12-2に放電特性の一例を示します。特徴は次のとおりです。

① 公称電圧は3.6Vと一次電池の中でもっとも高い電圧です。
② エネルギー容量が大きく、フッ化黒鉛リチウム電池の倍ぐらいあります。
③ 放電末期までほとんど3.6Vの一定の電圧を保持します。
④ 自己放電が極めて少なく、メモリのバックアップ電源など長期間使用する用途に適しています。10年間貯蔵後も容量の低下は10％程度です。
⑤ 正極活物質が液体であるために、スパイラル構造にすることができないので、大電力放電用途ではフッ化黒鉛リチウム電池よりも劣ります。

以前は放電開始時に一時的に電圧が下がるという現象がありましたが、現

図3-12-2 放電特性（日立マクセルエナジーHP）

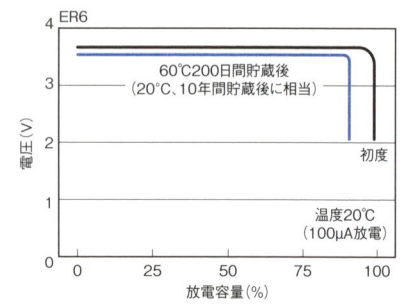

表3-12-1　円筒型塩化チオニルリチウム電池の特性（ロジックデバイスHP）

品名	ER3V P	ER4V P	ER6V P	ER17330V P	ER17500V P
公称電圧(V)	3.6	3.6	3.6	3.6	3.6
公称容量(mAh)	1000	1200	2000	1700	2700
最大放電電流(mA)	1	1	3.5	1	3.5
質量(約g)	8.5	10	16	13	20

在は解決されています。円筒型の例として、東芝が製造している塩化チオニルリチウム電池「ウルトラリチウム」の特性を表3-12-1に示します。コイン型電池、四方型電池の特

表3-12-2　コイン型、四方型塩化チオニルリチウム電池の特性（NEXcellHP）

品番	ER32L65（コイン型）	EF651625（四方型）
公称電圧(V)	3.6	3.6
公称容量(mAh)	1000	1000
放電電流(mAh)	1	1
使用温度(℃)	-40から+85	-40から+85
外観サイズ	Φ32.9×7.1	16.8×25.8×6.8
質量(g)	19	8

性を表3-12-2に示します。コイン型電池とはいえ、外径が32.9mm 高さ7.1mmとかなり大型です。

● **構造と化学反応**

塩化チオニルリチウム電池の構造図を図3-12-3に示します。負極活物質はリチウムですが、正極活物質は常温で液体の$SOCl_2$（塩化チオニル）です。電解液を兼ねています。さらに$LiAlCl_4$を溶解させて電解液としています。すべて無機材料でつくられているので、非常に長期にわたり使用することができます。$SOCl_2$が外部に漏れると、亜硫酸ガスと塩化水素に分解してしまいます。また外部から水分が入り込まないように完全密閉構造になっています。化学反応式は以下のとおりです。

負極：$Li \rightarrow Li^+ + e^-$

正極：$2SOCl_2 + 4e^- \rightarrow 4Cl^- + SO_2 + S$

全体：$4Li + 2SOCl_2 \rightarrow 4LiCl + SO_2 + S$

図3-12-3　塩化チオニルリチウム電池構造

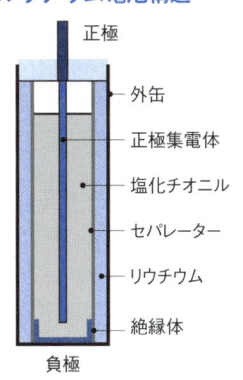

3-13 その他のリチウム一次電池

●ヨウ素リチウム電池

リチウムヨウ素電池ともいいます。電解質は固体なので非常に安定で長寿命です。医療用ペースメーカーに用いられています（図3-13-1）。主力メーカーはアメリカのElectrochemであり、国内メーカは参入していません。10年もちますが、定期的な検査が必要です。メモリバックアップ、深海探査、気象観測、宇宙飛行などの高い信頼性が必要になる用途でも使われています。円筒型（図3-13-2）とコイン型が提供されています。

単3形電池の放電特性（図3-13-3）からわかるように、放電末期まで一定の電圧を維持しています。動作温度は広く－55℃～+85℃です。負極活物質はリチウム、正極活物質はヨウ素とポリ-2-ビニルピリジン-の混合物、固体の電解質としてヨウ化リチウムを用います。化学反応式は以下のとおりです。

$$負極 : Li \rightarrow Li^+ + e^-$$
$$正極 : I + e^- \rightarrow I^-$$
$$全体 : Li + I \rightarrow LiI$$

図3-13-1 ペースメーカー（http://www.m-junkanki.com/ 日本メドトロニクス社）

図3-13-2 円筒型ヨウ素リチウム電池

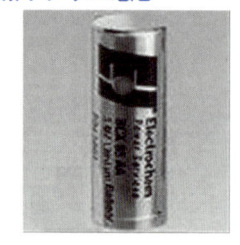

図3-13-3 円筒型ヨウ素リチウム電池放電特性

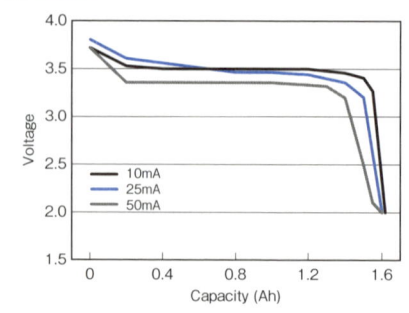

●1.5V系リチウム電池

リチウム電池は容量が大きく、長期

保存性に優れています。この特徴を生かして、既存の1.5V電池の代替を目的としてさまざまな正極活物質の研究が行われました。いくつかの例を表3-13-1にまとめます。このうち、硫化鉄リチウム電池と酸化銅リチウム電池について説明します。

表3-13-1 1.5V系リチウム電池の正極活物質の研究結果

負極活物質	正極活物質	理論電圧(V)
Li	CuO	2.24
	FeS_2	1.75
	Pb_3O_4	2.21
	$Bi_2Pb_2O_5$	2.00
	Bi_2O_3	2.04

●硫化鉄リチウム電池

アルカリ乾電池と同じ電圧でありながら大容量を有する電池です。パナソニックから発売されていますが、Energizer社からOEM供給を受けていると思われます。アルカリ乾電池と比較した性能を表3-13-2に示します。正極活物質である二硫化鉄は、ゼラチンで被覆された構造になっています。

表3-13-2 硫化鉄リチウム電池の特性

性能項目		アルカリ電池	硫化鉄リチウム電池
公称電圧(v)		1.5	1.5
開放電圧		1.6	1.8
放電時間(時間)	1400mA	0.2	1.3
	1000mA	0.04	2.1
	400mA	2.7	5.7
	20mA	117	122

●酸化銅リチウム電池

価格が高い酸化銀ボタン電池の代替を目的に商品化されました。一時製品化されましたが現在ではほとんど見かけなくなってしまいました。正極活物質に酸化銅を用います。容量は酸化銀電池と同等、あるいは10％ほど上回っており、保存特性も酸化銀電池を上回っていました。しかしながら、低温パルス特性に難がありました。

最後に各種リチウム一次電池のエネルギー容量の比較を表3-13-3に示します。

表3-13-3 リチウム一次電池の比較

種類	エネルギー密度(Wh/Kg)
二酸化マンガンリチウム電池	230
フッ化黒鉛リチウム電池	250
塩化チオニルリチウム電池	590
ヨウ素リチウム電池	245
硫化鉄リチウム電池	260

3-14 見なれない電池

ここでは普段あまり見なれない電池をいくつか紹介します。

●非常用電池の水電池

東日本大震災では非常用電池の大切さを思い知らされました。このとき以降ときどきホームセンター等で水電池を見かけるようになりました。販売しているのはフエルアルバムなどを扱っているナカバヤシです。NOPOPOという商品名で売られています（図3-14-1）。包んでいるフィルムをはがし、付属のスポイトを用いて＋極側にある2カ所の注水口のどちらかに注水すると放電が始まります（図3-14-2）。単3形で、未開封状態では20年間もの長期保存が可能です。きれいな水でなくても、ジュース、コーヒー、唾液、し尿でも発電します。

図 3-14-1　水電池の外形

図 3-14-2　水電池の使い方

※スポイト先端の段になっている部分までしっかりと穴に差し込みます。

負極活物質はマグネシウム合金、正極活物質は2酸化マンガンです。電圧は1.5V、容量は400mAとマンガン乾電池と同等、あるいはやや少なめです。フィラメント豆球、デジカメなど大きな電流を流す必要のある機器には適しません。活物質が残存している限りは何度か水を再注入することができます。スポイトが穴の奥まではいらなくなったら寿命です。使用時間と使用回数例を表3-14-1に示します。

表 3-14-1　水電池の使用時間と使用回数

用途	使用時間	注水回数
LED懐中電灯	約5時間	3〜4回
ミニランタンライト	約10時間	3〜4回
AM・FMラジオ（AM受信時／小音量）	約48時間	3〜5回
リモコン・時計など少消費電力機器	約半年〜1年	10回以上

化学反応式は以下のとおりです。

　負極：$Mg \rightarrow Mg^{2+} + 2e^-$
　正極：$2H_2O + 2e^- \rightarrow H_2 + 2OH^-$
　全体：$Mg + 2H_2O \rightarrow Mg(OH)_2 + H_2$

●海水に浸すと発電する海水電池

　海水が電解質となり、海水に浸したときから放電を開始します。正極に塩化銀、塩化鉛、塩化銅等の金属化合物、負極に金属マグネシウム、マグネシウム合金、リチウム、リチウム合金など、電解質として水酸化リチウムを用います。使用時に海水を混合することで電解質濃度を制御することができます。正極に塩化銀を用いると、小型で高出力となりますが価格は高くなります。図3-14-4はは日本救命器具株式会社製海水電池で電圧は2.4V、容量は5Ahです。

　海上または海中において少ない電力を長期間にわたって使用する機器に用いられます。たとえば、深海の海中測定機器、海上標識灯、浮標灯、漁業用集魚灯などの電源、船舶が浸水したときに自動的に信号を発信する緊急信号発信装置用電源として利用されています。

図3-14-4　海水電池（日本救命器具社）

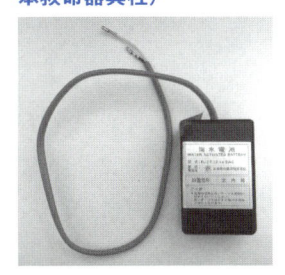

●小さな電池を目指して

　製品化されている電池では、厚さではリチウム一次電池の0.45mm、直径では酸化銀電池の4.8mmが最小です。さらにもっと直径の小さな電池の実現可能性はどうでしょうか。

　セイコーインスツルが2012年4月から3.2mm×2.5mm×0.9mmの電気二重層キャパシタを発売しています。イリノイ大の研究グループでは2009年に3mm×3mm×1mmの燃料電池を発表しました。金沢大上野准教授は2010年11月に2mm×3mm×12mmで1.56mWの出力の振動発電機を開発しました。ボタン電池を置き換える可能性があるとのことです。

3-15 研究段階の物理電池

●電気エネルギーに変換する物理現象

物理電池とは物理エネルギーを電気エネルギーに変換する機器です。代表は太陽電池、電気二重層キャパシタですが、その他にも研究段階の物理電池があります。ここでは、圧電変換素子、熱電変換素子について紹介します。圧電変換素子は力学エネルギーを電気エネルギーに、熱電変換素子は熱エネルギーを電気エネルギーに変換します。

●圧電変換素子

・歩行発電

慶応大学とJRは圧電素子による床発電の研究を進めています。床に圧電素子を埋め込み（図3-15-1）、歩行者の運動エネルギーを電気エネルギーに変換します。

図3-15-1　圧電素子を用いた歩行発電の原理

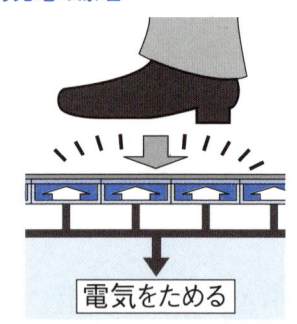

・昆虫による飛行発電

米国ミシガン大学とユタ大学の研究グループは、コガネムシに圧電素子をつけて、飛行による発電実験を行いました（2011年11月発表）。虫の羽ばたきによる振動で発電します。2台試作し、それぞれの発電力は11.5μWと7.5μWでした。最適化すれば、100μWぐらい発電できるとのことです。

●熱電変換デバイス

熱電変換にはゼーベック効果という現象を用います。異なる種類の金属または半導体を接合して、片方を高温、片方を低温にすると両端に起電力が生じます（図3-15-2）。現在のところ最大効率は約15%です。しかし素子単体で使うことはなくシステムに組み込みますが、そのときに得られる効率は

数%～10％くらいになってしまいます。いくつかの研究状況について説明します。

・コーティングでの発電

2012年6月NECと東北大のグループは発熱部分にコーティングすることによって電池機能が得られる技術を開発しました。塗布工程で作成しますので家庭や工場、電子機器や自動車などの様々な形状の発熱部分に電池を形成でき、大量の廃熱を電気として有効利用できるようになります。

図 3-15-2　ゼーベック効果による発電素子

・効率を10倍改善した熱電変換デバイス

2012年11月昭和電線ケーブルシステムは高効率熱電変換デバイスを開発したと発表しました。金属系モジュールと酸化物系モジュールの2層構造になっています（図3-15-3、表3-15-1）。工業炉・焼却炉での廃熱発電、自動車や太陽熱での応用を目指しています。

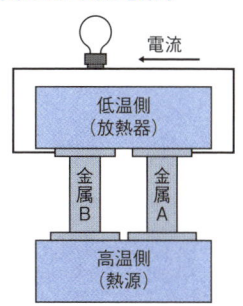

図 3-15-3　高変換効率熱電発電デバイス

表 3-15-1　高変換効率熱電発電デバイスの仕様（昭和電線ホールディングスプレスリリース）

項　目	概　要
寸法 (mm)	150×150×400
受熱部最高温度	700 °C
最大出力	48W
最大出力時電圧	32V
最大出力時電流	1.5A
水冷方法	設備周辺の工業用水を利用

・熱発電チューブの開発

2011年6月にパナソニックは熱発電チューブを開発したと発表しました（図3-15-4）。低温の廃熱を電気に変換することができます。温水90度、冷水10度、長さ10cmのチューブで1.3Wを発電できます。工場やビルの廃熱、温泉地での活用、地熱発電などに利用できます。2013年3月に京都市のごみ処理施設で発電検証試験を開始しました。

図 3-15-4　熱発電チューブ（パナソニックHP）

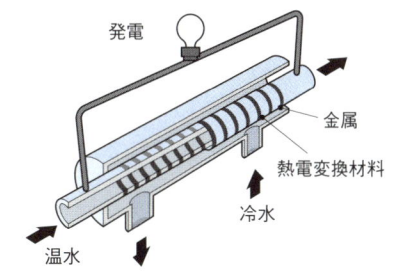

第4章

二次電池

充電することによって繰り返し使うことができる電池を二次電池といいます。最初に誕生したのは鉛蓄電池ですが、現在もなお多くの自動車に搭載されています。リチウムイオン電池は非常にエネルギー密度の高い電池で、ノートパソコン、スマートフォンなどのモバイル機器の小型・軽量化に大きな役割を果たしました。現在も改良が続けられており、将来が期待されています。特に電気自動車や大容量の蓄電システムへの適用は大きな期待がかかっています。リチウムイオン電池の先を見越した新しい電池の研究開発も進められています。

4-1 二次電池の種類としくみ

　19世紀初頭はまだ商用電力が普及していなかったので、鉛蓄電池を充電するにはダニエル電池などを用いました。そこで充電する側の電池を一次電池と呼び、充電される側の電池を二次電池と呼ぶようになりました。

●二次電池の歴史

　充電することによって繰り返し使える電池のことを二次電池といいます[※注]。二次電池の歴史は1859年のプランテによる鉛蓄電池の発明に始まります。一次電池の発明から60年後のことです。当時の電気自動車の動力に使われました。今もほとんどの自動車に搭載されており、実に150年もの歴史を持つことになります。1899年にはユングナーがニカド電池を発明します。発明者にちなんでユングナー電池ともいいます。猛毒で高価なカドミウムを用いていました。安価で安全な鉄で代用したのが、エジソンによるニッケル－鉄蓄電池の発明です。1900年のことです。

　1960年にアメリカでニカド電池の生産が始まりました。多くの場合乾電池と互換性があり、何度も使える経済的な「乾電池」として普及しました。1990年には松下電池工業、三洋電機が世界で初めてニッケル水素電池の生産を開始しました。ノートパソコン、携帯電話、デジカメなどが市場に出始めた頃です。これらの機器の高性能化、小型化に大きな寄与を果たしました。またこれらの需要に支えられ、ニッケル水素電池技術が大いに発展しました。

　1991年には世界に先駆けてソニー・エナジー・テックがリチウムイオン電池の生産を始めました。ノートパソコン、携帯電話、デジカメの高性能化、小型・軽量化、さらにスマホ、タブレット機器など多様化に応える電池として受け入れられました。この流れは今後も広がり、さらには電気自動車と電力貯蔵という非常に大きな市場を控えており、一層の市場拡大が期待されます。

※注：充電式電池、充電池、蓄電池ともいいます。

●放電と充電のしくみ

　放電のしくみは、一次電池と同じです（図4-1-1）。負極で酸化反応が起こり電子を放出し、正極では還元反応が起こり、電子を取り込みます。負極と正極の間を豆電球などの負荷をつなぐと放電し電流が流れます。

　充電時には図のように外部電源を接続します。加える電圧は放電時と同じか少し高めに設定します。すると放電のときとは逆に、負極で還元反応、正極で酸化反応が起こります。このように放電と逆向きの反応を起こすことによって、元の状態に戻るのが二次電池の条件となります。可逆的反応という表現を使います。負極を金属A、正極を金属Bとしたとき、典型的な化学反応式は次のようになります。

$$負極：A \underset{充電}{\overset{放電}{\rightleftarrows}} A^+ + e^-$$
$$正極：B^+ + e^- \underset{充電}{\overset{放電}{\rightleftarrows}} B$$

図 4-1-1　二次電池の充電・放電のしくみ

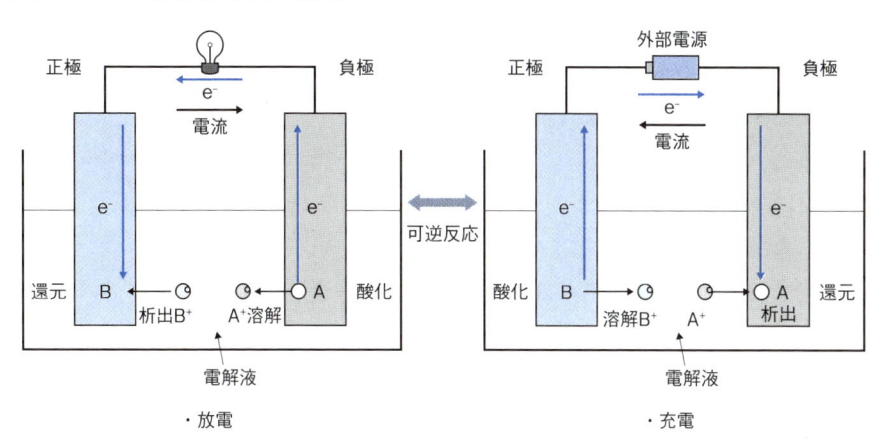

4-2 二次電池の放電と充電のしくみ

　二次電池は一次電池に比べて、機構が複雑なため取り扱いには一層注意が必要です。特に充電については取り扱いを間違えると電池の寿命が短くなるだけでなく、事故や火災を発生させこともあります。

●充放電の注意事項

　放電における注意事項は一次電池と基本的には同じですが、特に過放電には十分に注意する必要があります。過放電とは蓄電残量がある一定の値以下になっているにもかかわらずさらに使い続けることです。長い間放置し続けると自然放電のために過放電になってしまいます。また機器によっては、動作していないにもかかわらず微小電流が流れ過放電になることがあります。

　充電は放電よりもっと注意が必要です。二次電池の多くの事故は充電時に発生しています。特にある一定量以上に蓄電する過充電は避けなければなりません。そのためにはフル充電をどのように検知するかということが重要になります。

●普通充電と急速充電

　電池にとって負担が少ない充電とは時間をかけてゆっくり行うことです。普通充電といいます。フル充電までに8～10時間を要しますが、過充電による悪影響はほとんどありません。

　一方で急速充電とは、1時間以内から2時間程度で充電する方法です。電池にダメージを与える可能性がありますが、できるだけ負担を減らす工夫をしています。電池には取り込める許容量があります。蓄電量が少ない状態では比較的大きな電流を流して充電できますが、蓄電量が多くなると取り込める許容量が少なくなり、場合によっては過充電となってしまいます。急速充電では蓄電量に応じて充電量を制御します。

●フル充電の検知方法

では、どのようにしてフル充電を検知するのでしょうか。いくつかの検知方法を紹介します。

・充電時間をタイマーで設定する

電池容量A（mAh）、充電電流B（mA）がわかればフル充電までの時間はA/Bで計算することができます。この時間になれば充電をストップするようにタイマーを設定します。

・温度を検知する

フル充電以上で電流を流し続けると、電流は熱となって無駄に消費され、温度が上がります。サーミスターなどの温度センサーを取り付けて検知します。ただ、電池温度は周りの温度の影響も受けてしまうので、温度変化を検知します。

・電池電圧で検知する

電池電圧を絶えず監視し、ある値以上になると充電を停止します。ニッケル水素電池や、ニカド電池では充電が完了した後も電流を流すと電圧が降下します（図4-2-3）。この電圧降下を検知して、充電電流を減少します。これを-ΔV制御といいます。

実際には以上の方法を複数組み合わせてフル充電の検知を行います。

図4-2-1　電圧検知（−ΔV制御）

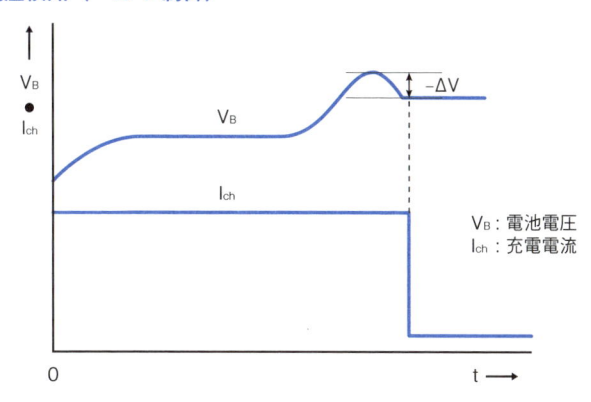

V_B：電池電圧
I_{ch}：充電電流

4-3 さまざまな充電方法

　充電のタイミングは、使い方に応じてさまざまですが、2つの場合に分けることができます。
サイクル充電：ある程度使って放電させてから充電する
スタンバイ充電：電池をすぐに使えるようにフル充電に保っておく

●サイクル充電

　一般に充電量が少ない状態では大きな電流で充電し、充電が進むにつれて電流を少なくします。次のような充電法があります。

・**定電圧充電**

　公称電圧の1.2〜1.3倍の一定電圧を印加して充電する方法です。初期には大きな電流で充電し、末期には電流が少なくなり過充電を避けることができ、効率の良い充電方法です。しかし場合によっては充電初期に電流が流れ過ぎて寿命を劣化させることがあります。他の充電方法と併用します。

・**定電流充電**

　一定の電流で充電する方法です。充電時間を予測しやすいという利点があります。大きな電流で充電する場合には、フル充電に達しても電流が流れる可能性があるため、過充電となる危険性があります。

　充電電流の単位として、時間率で表現することもあります。全容量を1時間で充電するのに必要な電流を1Cとします。0.2Cの電流であれば、5時間でフル充電できることになります。

・**準定電流充電**

　定電流充電において、充電末期には電流を少なくする方式です。

・**定電流・定電圧充電**

　充電の初期から中期にかけては定電流で急速に充電し、終期では定電圧で充電することによって過充電を防ぎます（図4-3-1）。

●スタンバイ充電

・トリクル充電

トリクル(trickle)とは、ぽとぽと落ちるという意味です。二次電池は一般的に自然放電が大きく、しばらく放置するといざというときに十分に使えないということがあります。このような事態を招かないように、常時フル充電の状態に保つために絶えずごくわずかの電流で充電することをトリクル充電といいます。

図 4-3-1　定電流・定電圧充電

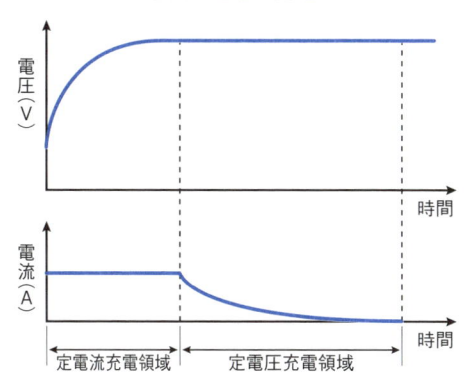

トリクル充電は鉛蓄電池、ニッケル水素電池、ニカド電池には適しますが、リチウムイオン電池はフル充電のままで保持していると寿命が劣化しますので、適していません。無停電電源装置、非常用電源、自動車・自動二輪車用バッテリーなどによく利用されます(図4-3-2)。リチウムイオン電池が使われている携帯電話やノートパソコンでは、しばらく放電状態にしておき、ある程度電圧が下がってから再充電を行うようになっています。

・フロート充電

主に無停電電源装置、非常用電源、自動車・自動二輪車用バッテリーなどによく利用される充電方法です。機器を使用しているときも充電します。フル充電になると、電流がバイパスを通り過充電を避けるしくみになっています。

・パルス充電

トリクル充電は微小な電流を流し続けますがあまり小さな電流では充電効率が悪いため、実際は自然放電を補う以上の電流を流しており損失が生じています。そこで考案されたのがパルス充電です。ピーク電流は充電効率を維持するために一定の値以上とし、平均電流は放電量を補う程度に下げます。

図 4-3-2　自動二輪用トリクル充電器（AutoCraft）

4-4 鉛蓄電池

●プランテ電池

　鉛蓄電池は自動車用蓄電池として非常に身近な蓄電池です。誕生はプランテの発明に遡ります。150年前にプランテは世界で始めて充電することによって、繰り返し使うことができる電池を発明しました。鉛蓄電池は80％が自動車用ですが、これ以外にも商用電源のバックアップ電源、フォークリフト、ゴルフカートの主電源などに用いられています。

　プランテ電池は、2枚の鉛板の間に絶縁用のゴム帯を重ねてぐるぐる巻き、約30％濃度の希硫酸水溶液の中に入れたものです（図4-4-1）。

図 4-4-1　プランテ電池の構造

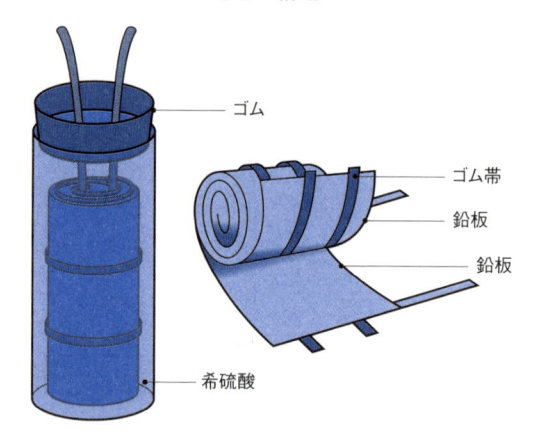

●化学反応

　まず充電反応から先に説明します。鉛を硫酸に浸すと$PbSO_4$が生成します。正極と負極に外部電源を接続すると次の反応式によって負極でPb、正極でPbO_2が析出します（図4-4-2の右図）。

$$負極：Pb + SO_4^- \underset{充電}{\overset{放電}{\rightleftarrows}} PbSO_4 + 2e^-$$

$$正極：PbO_2 + 4H^+ + SO_4^- + 2e^- \underset{充電}{\overset{放電}{\rightleftarrows}} PbSO_4 + 2H_2O$$

$$全体：Pb + 2SO_4^- + PbO_2 + 4H^+ \underset{充電}{\overset{放電}{\rightleftarrows}} 2PbSO_4 + 2H_2O$$

　次に外部電源を取り払い、負荷をつなぐと（図4-4-2の左図）、逆向きの反応となり放電が進みます。

　充電と放電は可逆反応になっているので、充電と放電を繰り返すことがで

図 4-4-2　鉛蓄電池のしくみ

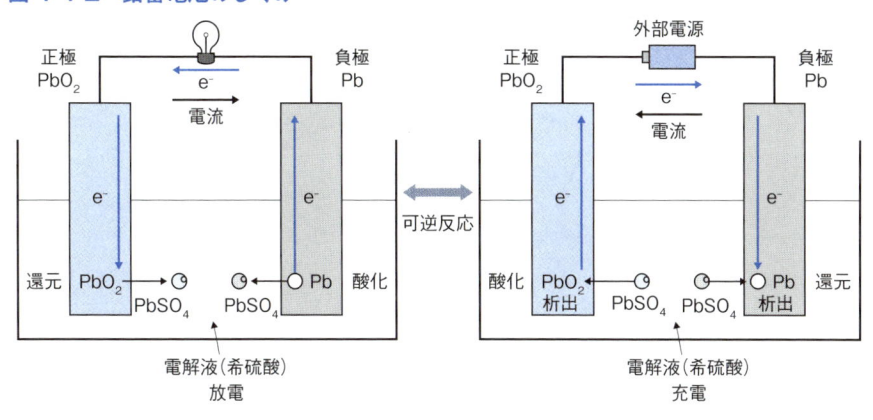

きます。放電時に負極ではPb、正極ではPbO_2が消費され、これらが活物質となっています。

　放電時の負極反応の標準電極電位は-0.36V、正極反応の標準電極電位は1.69V、したがって理論的な起電力は2.05Vとなります。実際の起電力は2.1Vです。

　充電時はこれよりも少し高い電圧を印加する必要があり、2.2〜2.3V程度で充電します。電圧が高いほど充電は早く進みますが、水の電気分解など余分な反応が生じてしまい、寿命を短くしてしまいます。正極で水素が発生するように思われますが、上の反応式からわかるように水素は発生しません。PbO_2が減極剤にもなっているのです。

●鉛蓄電池の大敵サルフェーション

　反応式からわかるように放電時に表面にサルフェーション（$PbSO_4$）が析出します。作り出されてしばらくの間は非常に柔らかい物質です。この時点で充電すれば、上式にしたがって電解質と化学反応を起こしますが、長い時間放置すると硬くなってしまい電解質と反応しなくなります。負極板のすき間が埋まり電流が流れにくくなり、充電効率、放電効率が劣化し寿命が尽きてしまいます。充放電回数は400回くらいが寿命（シール型電池の場合）と考えられていますが、過放電を繰り返すと10回くらいで使えなくなることもあります（図4-4-3）。できるだけ残量のある状態で充電することが長持ちさせる

図 4-4-3　鉛蓄電池のサイクル寿命

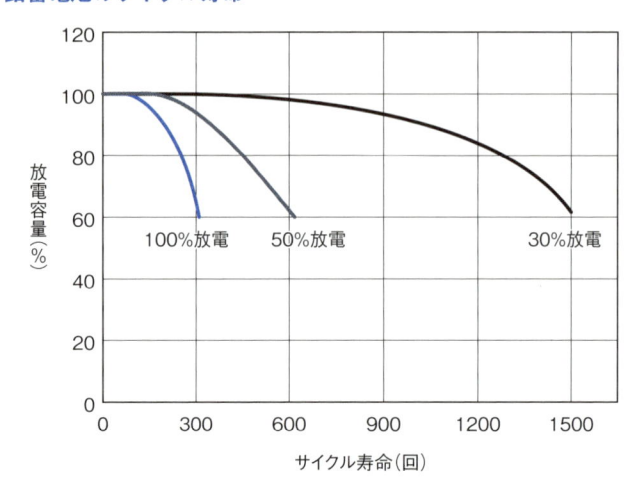

コツです。できれば常にフル充電状態で保存したいものです。一方で過充電もきらいます。フル充電後も充電電流を流し続けると、電解液がしだいに電気分解してしまいます。

●構造

各単電池（セル）の起電力は約2Vなので、6個直列につなぐことによって起電力は12Vになります。単電池は、正極板、セパレーター、負極板で構成します。反応表面積を大きくするために、この組が層状に重なった構造になっています（図4-4-4）。

・負極板の構成

ペースト式電極というものが使われます。鉛合金で作られた格子に、負極活物質である鉛粉、硫酸、添加剤を混ぜてペースト状にしたものを塗りつけます。反応の表面積が大きくなり放電出力の大きな電池を実現できます。

・正極板の構成

正極板には負極板と同じ構造のペースト式以外にクラッド式も用いられます（図4-4-5）。円柱上のクラッドを並べて板状の電極にしたものです。クラッドは直径が1cmくらいでガラス繊維を編んで作られます。中心軸には鉛合金製の円柱棒（集電体）が挿入されています。クラッドと円柱棒の間は鉛粉を充

図 4-4-4　鉛蓄電池の構造

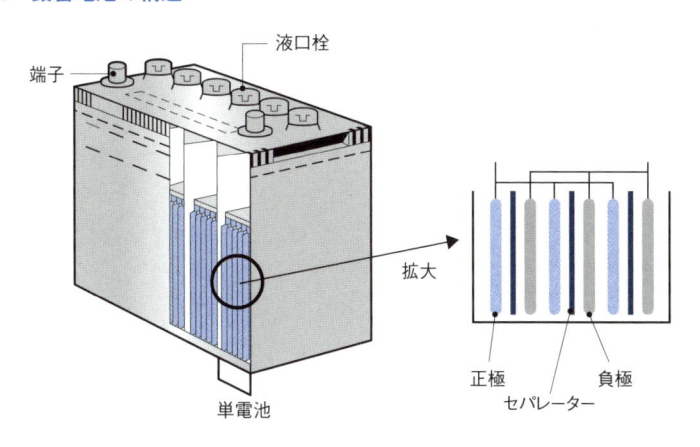

填しさらに硫酸を浸します。

ペースト式は自動車用など大きな出力を必要とする用途に用いられます。

クラッド式は容量が大きく、蓄電池、フォークリフトなどで用いられます。

・セパレーター

正極と負極の短絡を防止し、電解液を保持します。微孔ゴム、ポリエチレンなどの合成樹脂、ガラスマットなどでできています。

・電解液

放電時には消費され、充電時には生成されます。濃度が濃いほど容量が大きくなりますが、一方で寿命が短くなってしまいます。30～35%濃度硫酸水溶液を使います。自動車用は少し濃く、商用電源のバックアップ用は少し薄めにしています。

図 4-4-5　クラッド式正極板

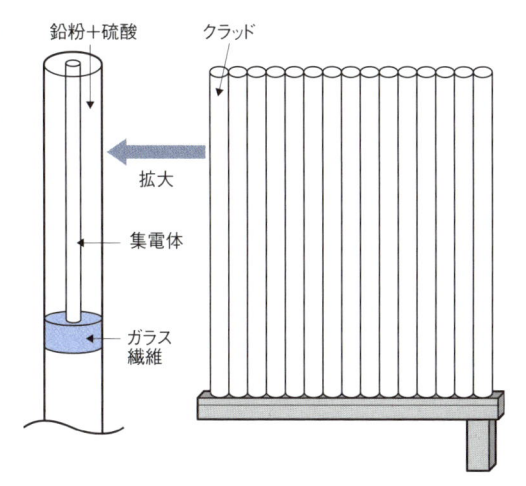

● **構造による分類**

フル充電を超えると急速に水の電気分解が起こり、水が減少

図 4-4-6　鉛蓄電池の構造による分類（GS ユアサ）

　　　　ベント形（開放型）　　　　　　　制御式（密閉型、シール型）

し、負極から水素ガス、正極から酸素ガスが発生します。蓄電池から発生するガスの処理方法によって、ベント形と制御式に分けられます（図4-4-6）。

　ベント形は開放型とも呼ばれ、通気孔から水素ガス、酸素ガス、水蒸気を排気します。そのために水は次第に減るので定期的な補水が必要です。

　制御式は密閉型あるいはシール型とも呼ばれます。排気弁によってガスの気密性を制御します。通常は気密を保つために閉じた状態になっていますが、水の電気分解が起こり、内圧が上昇したときは、排気弁が開いてガスが排出されるようになっています。電気分解反応が起こっても、水素ガスの発生を抑えるとともに、正極で発生した酸素ガスを負極に誘導させ水素と反応させることによって水に還元し電解液中に戻します。またセパレーターにガラスマットを用い、電解液を保持する構造になっています。そのために水分が失われず補水や液量点検が不要となり、保守が非常に簡単です。メンテナンスフリーバッテリーあるいはドライバッテリーとも呼ばれます。電解液は流動しないので、横置きしてもこぼれることはありません。

● **自動車用鉛蓄電池**

　自動車用途蓄電池に求められる最大の特徴は大きな出力が必要だということです。自動車に搭載されている電気機器に流れる電流を表4-4-1に示します。始動時には実に100〜400Aもの電流が流れます。そのため、正極、負極ともペースト式極板が用いられています。代表的な自動車用鉛蓄電池の性能一覧

を表4-4-2に示します。最近は省エネのため、アイドリングストップ車が脚光を浴びています。アイドリングストップは充・放電の繰り返し回数が従来よりも10倍くらい増え、深い充・放電を強いり、またエンジン停止中は蓄電池から電力を供給しなければなりません。そのために電池の負担は増え、従来よりも一段と高い性能が求められます。

表 4-4-1　自動車搭載電気機器に流れる電流

負荷の種類		電流（A）
スターター	夏	100〜250
	冬	150〜400
ヘッドランプ		17
エアコン		17〜28
リアウィンドウ熱線		16
パワーウインドウ（1ヵ所）		7

● 記号

JISでは自動車用蓄電池の形式を次の例のように4組の記号で表記しています。

　　例) 55 B 24 R

最初の2桁は性能ランクを示しています。エンジン始動性能、電気容量から決まります。次のBと24は大きさを表しています。最後のRは端子の極性位置を示しています。

アイドリングストップ車は高い性能が求められるので、従来車とは異なる記号で表しています。

　　例) N - 55 R

最初の1文字Nは外形寸法の区分を示しています。次の2桁（55）は性能ランクを示します。最後のRは端子位置を示します。

表 4-4-2　自動車用鉛蓄電池の性能

公称電圧（V）	12
重量エネルギー密度（Wh/kg）	30〜40
体積エネルギー密度（Wh/l）	60〜75
重量出力密度（W/kg）	180
充電/放電効率（%）	50〜90
自己放電率（%/月）	3〜20
サイクル寿命（回数）	500〜800

4-5 ニカド電池

●概要

図 4-5-1 ニカド電池（稲電機）

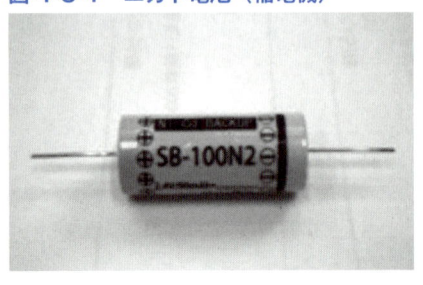

正式名はニッケル・カドミウム蓄電池、JISではニカド電池となっています（図4-5-1）。ニッカド電池、カドニカ電池は三洋電機の商標です。歴史は古く、1899年にユングナーが発明しました。1960年にアメリカで商品化され、日本では1963年に三洋電機が商品化しました。1995年頃が最盛期で現在ではあまり見かけなくなりました。

電解液に水酸化カリウムを用いており、アルカリ二次電池の一種です。公称電圧は1.2Vですが、放電末期までこの値を維持しています。マンガン乾電池、アルカリ乾電池が使える用途にはほとんど代替が可能です。

円筒型、ガム型、ボタン型があり、乾電池と互換性がある単3サイズがもっとも使われています。

●化学反応

負極にカドミウム、正極に水酸化ニッケル、電解液に水酸化カリウムを用います。化学反応式は次のとおりです。

負極：$Cd + 2OH^- \underset{充電}{\overset{放電}{\rightleftarrows}} Cd(OH)_2 + 2e^-$

正極：$NiOOH + H_2O + e^- \underset{充電}{\overset{放電}{\rightleftarrows}} Ni(OH)_2 + OH^-$

全体：$Cd + 2NiOOH + 2H_2O \underset{充電}{\overset{放電}{\rightleftarrows}} Cd(OH)_2 + 2Ni(OH)_2$

標準電極電位から求まる理論的な起電力は1.30Vです。

●構造と放電特性

円筒型電池は図4-5-2に示すようにスパイラル構造になっているので大電流を流すことができます。

放電特性を図4-5-3に示します。放電末期まで1.2Vを維持しています。1.1Vを終止電圧とすると、アルカリ電池よりも放電時間はかなり長くなります。

●特徴

ニカド電池は、大電流が流れるラジコンカーや電動工具などによく使われます。サイクル寿命が長く100％放電を繰り返しても500サイクル以上、70％の放電であれば1000サイクル以上が可能です。

急速充電には-⊿V方式がよく使われます。電動工具用では10〜15分の超急速充電もあります。また、低温に強いという特徴もあります。

しかし一方で、放電しきらない状態で充電を繰り返すと、容量が減少するという欠点があります。メモリー効果といいます。ただし、深く放電させてから充電することによって回復させることができます。また、自己放電が大きく、1ヵ月当たり15％位放電してしまいます。しばらく放置して使うときには充電が必要です。人体に有害なカドミウムを含んでいるため使用後は回収されることになっています。

図 4-5-2　ニカド電池の構造

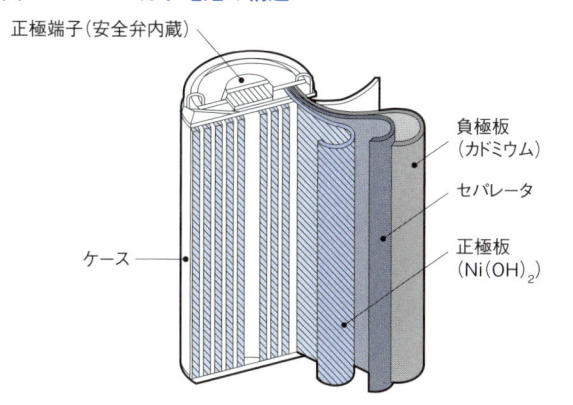

正極端子（安全弁内蔵）
負極板（カドミウム）
セパレータ
正極板（Ni(OH)$_2$）
ケース

図 4-5-3　ニカド電池の放電特性

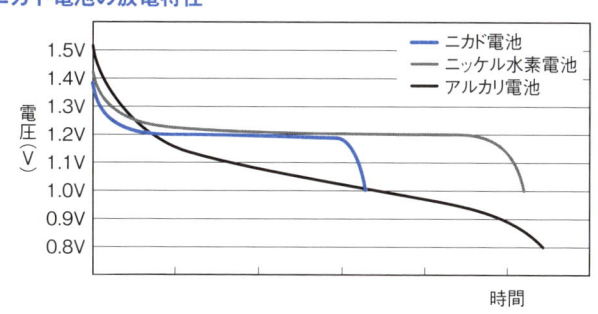

（ニカド電池／ニッケル水素電池／アルカリ電池の放電特性グラフ。縦軸：電圧(V) 0.8V〜1.5V、横軸：時間）

4-6 ニッケル水素電池

●歴史

当初宇宙用蓄電池にはニカド電池が使われていましたが、NASAでより小型で高性能な電池を求めて研究され、生まれたのがニッケル水素電池です。1990年にパナソニックが世界に先駆けて商品化しました。ニカド電池よりも電気容量が大きく、また有害なカドミウムを使わないということで、ニカド電池市場を代替していきましたが、リチウムイオン電池が出現し、2000年をピークに減少してしまいました。しかし、2003年ごろからハイブリッド車用に使われるようになり盛り返しつつあります。

●概要

公称電圧はニカド電池と同じ1.2Vです。Ni-MH（Nickel Metal Hybrid）とも表記されます。形状は単一形、単二形、単三形、単四形、006P型、角型があります。その他に産業用特殊品もあります。多くの場合乾電池と互換性があり、"繰り返し使える乾電池"としては、最も代表的な二次電池です。各メーカーが発売しているニッケル水素電池を表4-6-1に示します。ニカド電池と

表 4-6-1　ニッケル水素電池一覧表

ブランド名	eneloop	充電式 EVOLTA	充電式 IMPULSE	Cycle EnergyGold	ecoful
メーカー	三洋電機（パナソニック）	パナソニック	東芝	ソニー	日立マクセル

同じアルカリ二次電池に属し特性もよく似ています。そのため従来ニカド電池が使われていた市場がニッケル水素電池に代替されています。その他に、電動アシスト自転車やハイブリッド車にも使われています。電動アシスト自転車用の高級品にはリチウムイオン電池が使われますが、廉価版にニッケル水素電池が使われます。パナソニック製 eneloopCY-EB35の主な仕様を表4-6-2に示します。

またプリウスのハイブリッド車にもニッケル水素電池が搭載されています。詳しくは7章で説明します。

表 4-6-2　電動アシスト自転車の電池仕様

電池容量	24V　3.5Ah
外形寸法	幅90mm×奥行50mm×高さ290mm
質量	1.6kg

●水素吸蔵合金

ニッケル水素電池には水素吸蔵合金が使われています。水素は小さな原子で図4-6-1のように金属の隙間に入り込みます。電池には水素を吸収しやすく、かつ放出もしやすい材料が求められます。金属には吸収能力の高いものAと、放出能力が高いものBがあり、電池にはこれらを組み合わせた合金を使います。

いろいろな水素吸蔵合金が開発されていますが、ニッケル水素電池に用いられる合金はAB$_5$型で、特に希土類・Ni系合金であるMmNi$_5$やLaNi$_5$がよく使われています。Mmとはミッシュメタルといわれるもので、各希土類元素に分離される前の状態で、いろいろな希土類元素が混ざり合って合金状態になっているものです。比較的安価に製造できます。Niの一部をCo、Mn、Alなどで置換して特性を改善します。合金質量の1.3%の水素を吸蔵することができます。この値を用いて電気容量を計算すると348mAh/gとなります。ニカド電池で使われている水酸化カドミウムとあまり違いがありませんが、ニカド電池は放電時に2倍以上体積が

図 4-6-1　水素吸蔵合金の構造

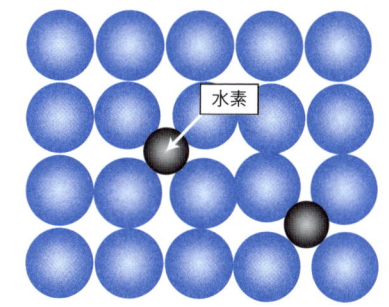

増えてしまうので、カドミウムをあまり押し込めることができません。

●化学反応

負極に水素吸蔵合金、正極に水酸化ニッケル、電解液に濃水酸化カリウム水溶液を用います（図4-6-2）。充放電の反応式は以下のようになります。

負極：$MH + OH^- \underset{充電}{\overset{放電}{\rightleftarrows}} M + H_2O + e^-$

正極：$NiOOH + H_2O + e^- \underset{充電}{\overset{放電}{\rightleftarrows}} Ni(OH)_2 + OH^-$

全体：$MH + NiOOH \underset{充電}{\overset{放電}{\rightleftarrows}} M + Ni(OH)_2$

Mは水素吸蔵合金、MHは金属水素化物（水素を吸蔵している状態）です。

放電時には水素イオンが負極から正極に移動し、充電時には水素イオンが正極から負極に移動しているだけで電解液は反応に関与していません。全体の反応で水が生成されたり、消費されることもありません。標準電極電位は負極で-0.80V、正極で+0.52Vで、全体では1.32Vとなります。

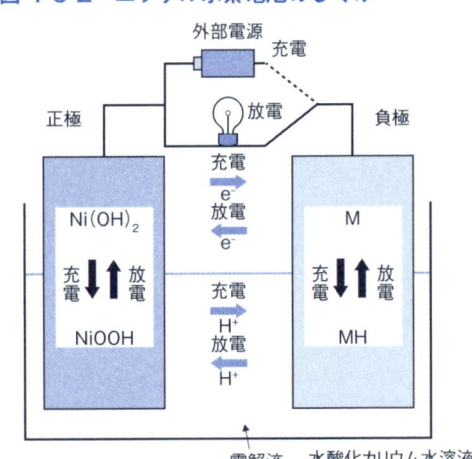

図4-6-2　ニッケル水素電池のしくみ

●構造

ほぼニカド電池と同じ構造です（図4-6-3）。ポリオレフィン系やポリアイミド系繊維の不織布のセパレーターの両側を、負極シートと正極シートを挟んでぐるぐると巻いて容器内に収めます。負極シートは水素吸蔵合金の粉末、導電剤、バインダーを混ぜてペースト状にして多孔性の金属板に塗りつけたものです。正極シートは多数の孔がある焼結基板あるいは発泡メタルに水酸化ニッケルを詰め込んで製作します。電解液はセパレーター、負極シート、正極シートに浸します。角型は負極、セパレーター、正極から構成される層が何重にも重なった構造になっています。

図 4-6-3　ニッケル水素電池の構造

(図の注記: 正極端子(安全弁内蔵)、負極シート(水素吸蔵合金)、セパレータ、正極シート(水酸化ニッケル)、ケース)

●密閉構造

　乾電池型をはじめとしてほとんどのニッケル水素電池は密閉型になっており、メンテナンスフリーになっています。反応時に水の生成、消費がないことに加え、以下の技術により密閉化を実現しています。

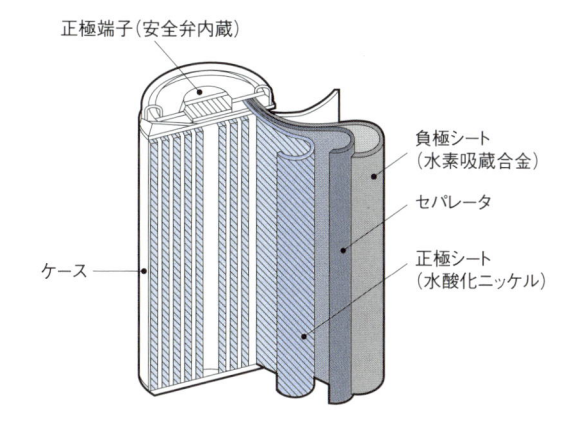

　過充電になると正極から酸素ガス、負極から水素ガスが発生し、水が減少してしまいます。この対策のために、負極には正極よりも活物質の量を多くします。すると負極よりも正極が早くフル充電になり、発生した酸素は負極の水素吸蔵合金に吸収されます。同時に負極の充電反応が停止し水素ガスの発生を抑止することができます。もし異常が発生しガス圧が大きくなっても排出できるように弁が設けられています。排出が終わると弁は元に戻り普通どおりに使うことができます。

●特徴

　電気容量がニカド電池の約2倍あります(図4-5-3)。放電の末期までほぼ一定電圧を維持することができます。また、内部抵抗が小さいので大きな電流を取り出すことができます。アルカリ乾電池以上の出力があり、ニカド電池と比べても遜色がありません。電動工具、デジカメ、ストロボ、シェーバー、電動歯ブラシなどに適しています。

　自己放電が大きく、そのために長い期間にわたって小電流を取り出す用途には不向きといわれていましたが、現在は改善されています。従来は購入後に充電しなければなりませんでしたが、最近は充電済み電池も多く販売されるようになりました。

● **充電方法**

　ゆっくり時間をかけて充電することが電池への負担が少なく理想的ですが、急速充電器も製品化されています。急速充電のしくみを説明します（4-2節参照）。

　一定の電圧に達するまでは定電流を流します。そして電圧が少し下がった（-ΔV）のを検知した後は1/30C程度の小さな電流を流すトリクルモードに移行します。電圧降下は10mV程度です。ただ電圧降下を検知できない場合もあるので、温度検知、タイマーによる停止機能も備えています。30分～1時間程度で充電できます。また電動工具などで使われているニカド電池では15分で充電が完了するものがありますが、ニッケル水素電池でも対抗上、同程度の時間で充電できる電池および充電器が商品化されています。-ΔV制御以外にも、温度検知、電池に内蔵した圧力制御機構などによって精密に満充電を検知し、さらにパルス充電などの技術を用いています。

　複数本の電池を同時に充電できる充電器がありますが、電池を直列接続して充電しているのが一般的です。充電方法は電池の特性を基にして設定されているので、それぞれの電池の特性や容量に合った充電器を使用する必要があります。

　充電に要した電気量に対して放電によって得られる電気量の割合を放電効率といいます。ニッケル水素電池は約85％です。

● **放電深度とサイクル寿命**

　使い切ってから充電するというのは電池のサイクル寿命にとって好ましくありません。放電深度を浅くすることによってサイクル寿命を格段に延ばすことができます（図4-6-4）。100％放電から70％放電程度に浅くすると、3倍以上長くすることができます。また電池の設計に当たって電気容量とサイクル寿命は、トレードオフの関係にあります（表4-6-3）。容量を2500mAから2000mAに20％減らすことによって、サイクル寿命は500回から1500回と3倍に延ばすことができます。

　ニッケル水素電池も、ニカド電池ほどではありませんがメモリ効果がありますが、1～2度深い放電を行うことによって解消できます。終止電圧と

して1V位が最適です。過放電すると電池に損傷を与えます。

図4-6-4　ニッケル水素電池のサイクル寿命（パナソニック）

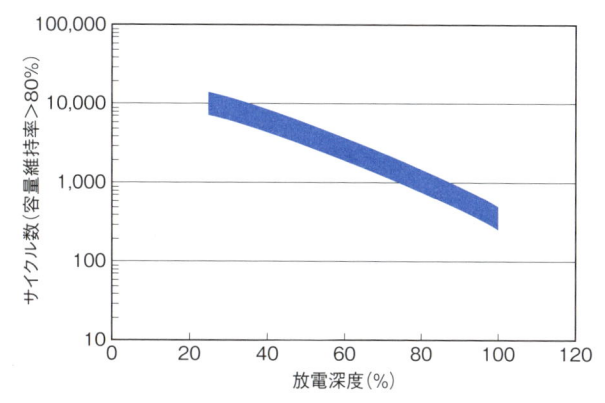

縦軸：サイクル数（容量維持率＞80％）
横軸：放電深度(%)

表4-6-3　容量とサイクル寿命のトレードオフ

製品タイプ	寿命重視	容量重視
容量（mAh）	2000	2500
サイクル寿命（回）	1500	500

Column
パナソニックの電池事業

　2008年11月パナソニックは三洋電機との資本・業務提携を発表しました。その大きな狙いのひとつは将来の電池事業への期待にありました。そのなかで2012年1月に太陽電池を含む電池事業は旧松下電池工業を母体として創立されたエナジー社に引き継がれました。エナジー社はニッケル水素電池として、パナソニックブランドの充電式エボルタの他に、eneloopも販売しています。従来eneloopはSANYOブランドで販売していましたが、2013年4月からはPanasonicブランドでの販売になりました。

　中国当局から競争法に抵触する可能性を指摘され車用ニッケル水素電池事業を5億円で中国の湖南科力遠社に売却しましたが、同社は2013年10月から生産を開始する計画です。

4-7 リチウムイオン電池の歴史と市場

リチウムイオン電池はLiBあるいはLIBとも表記します。リチウム電池と紛らわしいですが、異なる種類の電池です。またリチウムイオンポリマー電池はリチウムイオン電池の一種で、電解質に高分子ゲルを用いています。

●歴史

リチウムイオン電池は、携帯電話、スマートフォンなどのモバイル端末を支える基本技術です。ハイブリッドカー、電気自動車市場は急速拡大中であり、さらに今後電力貯蔵技術という大きな市場も控えており、リチウムイオン電池はこの分野でも重要な役割を果たす技術として期待されています。

リチウムイオン電池は1984年に旭化成吉野彰氏が特許出願し、1991年に日本のソニーが世界に先駆けて製品化に成功しました。

●激しい国際競争

世界の先頭を走っていた日本ですが、2011年には韓国製に追い抜かれ、中国製にも急激に追い上げられています（図1-3-3）。日本メーカーは三洋電機を統合したパナソニックのシェアが23.5％、世界で最初に商品化したソニーは8.5％となってしまいました（図1-3-4）。韓国製がトップを奪ったのは、モバイル分野での著しい成長のためです。中国では電気バイクや電気自動車用市場が急成長しています。このままでは液晶ディスプレイに引き続いて日本メーカーは後塵を拝してしまいそうです。

●主な用途と市場規模

従来は民生用が主な市場でしたが、現在自動車用が急激に拡大しています。また将来は蓄電システムの適用という大市場が期待されています。民生用に必要な電気容量は数Wh～数10Whであるのに対し、自動車用は数kWh～100kWh、電力会社用電力貯蔵システムにいたっては最大1000kWhの容量が必要です（表4-7-1）。

これらの需要に応えるには基本性能の向上だけでなく大幅な価格低減が必要です。NEDOは2010年にリチウムイオン電池のコストについてのロードマップを作成しており、2015年には2010年に比較して1/5、2020年には1/7～1/8と予測しています（図4-7-1）。

　また、リチウムイオン電池の開発には電池メーカーのみならず正極材料、負極材料、電解質等の部材メーカーに加えて、自動車メーカー、住宅メーカー等も加えた幅広い連携が必要です。

表4-7-1　今後のリチウムイオン電池市場と必要容量

	主な製品例	容量
民生用	スマートフォン、ノートパソコン、モバイル端末	数Wh～数10Wh
自動車用	HEV（ハイブリッド車），EV（電気自動車）	数kWh～数10kWh
蓄電システム	住宅用，業務用	数kWh～100kWh
	電力会社用電力貯蔵システム	100kWh～数1000kWh

図4-7-1　二次電池の価格推移予測（NEDOデータをもとに作成）

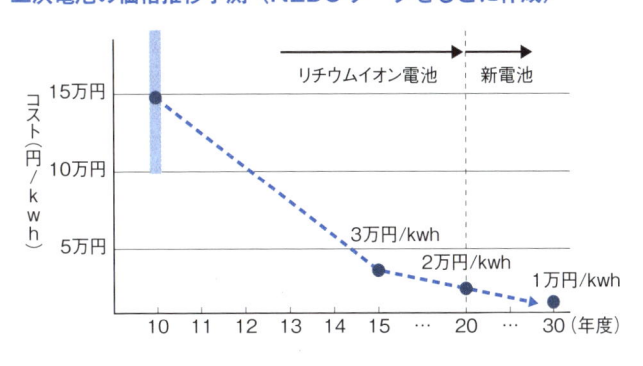

4-8 リチウムイオン電池の構造としくみ

●基本性能の向上推移と今後の予測

リチウムイオン電池は、1990年の製品化以来、電池容量は約3倍に増大しました。NEDOは今後10年弱でさらに容量が約2倍、出力も1.3倍に改善されると予測しています(表4-8-1)。

表4-8-1 リチウムイオン電池の開発目標（NEDOロードマップより）

	2010年	2015年	2020年	2030年
容積エネルギー密度(Wh/l)	250	400	600	1000
出力密度(W/kg)	1000	1200	1500	

●形状と構造

単体で売られることはまれで、ほとんどが機器に組み込まれて販売されています。円筒型、角型、ボタン型、ラミネート型などがあります。

・円筒型(図4-8-1)

正極板、セパレーター、負極板、セパレーターの4層を巻いて鉄製の円筒容器に詰め込みます（図4-8-2）。正極板は、アルミニウム箔の両面にコバルト酸リチウム溶液を塗布した後、乾燥、プレスして製作します。負極板は銅箔に炭素材料などの溶液を塗布した後、乾燥、プレスして製作します。セパレーターは、正極と負極を絶縁するためのフィルムで、イオンが移動できるように多孔質になっています。ノート型パソコンのバッテリーパックは円筒型電池が複数本パックになっています。

図4-8-1 リチウムイオン電池・円筒型（パナソニック）

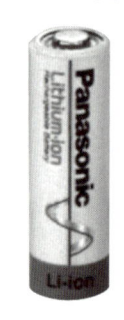

サイズは5桁の数字で表します。前2桁が直径、後3桁が高さを示します。18650であれば、直径が18mm、高

さが65.0 mmです。18650、18500、17670、14650、14500が標準的なサイズです。

・角型(図4-8-3)

円筒型と同様、セパレーター、正極板、セパレーター、負極板の4層を巻いて、鉄製あるいはアルミ製の角型容器に詰めます(図4-8-4)。

サイズは厚さ+幅+高さの3組の数字を並べて表示します。383450であれば、厚さ38mm、幅34mm、高さ50mmということになります。しかし、メーカーによってはこの順に表示していない場合もあります。

・ボタン型(図4-8-5)

構造は図4-8-6のとおりです。サイズの表示形式はボタン型の一次電池と同じです。

・ラミネート型

正極シート、セパレーター、負極シート、セパレーターを交互に積層したものを、ラミネートフィルムで外装します(図4-8-7)。軽量で薄型、放熱性が良く、自動車用に用いられています。

● **安全対策**

リチウムイオン電池は他の電池よりも厳重な安全対策が施されています。例えば過充電、ショート、あるいは高温にさらされたときなどに内部圧力が

図 4-8-2　円筒型電池の構造

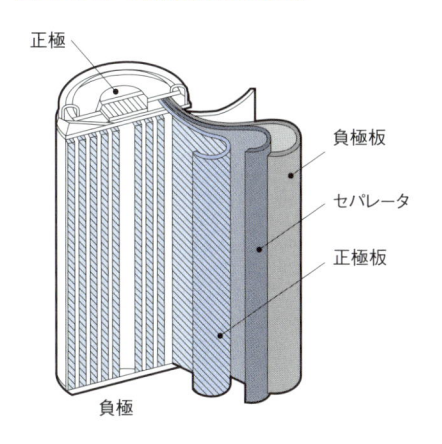

図 4-8-3　リチウムイオン電池・角型（パナソニック）

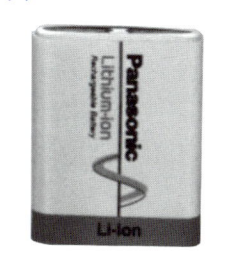

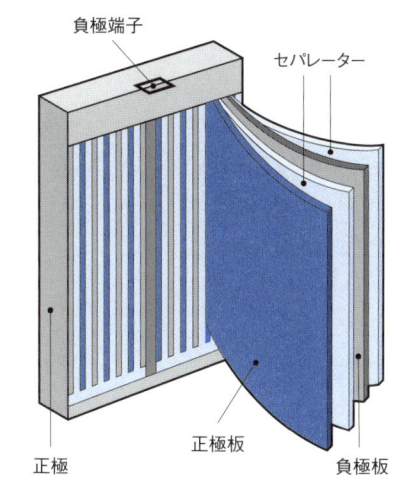

図 4-8-4　角型電池の構造

図 4-8-5　ボタン型リチウムイオン電池

図 4-8-6　ボタン型リチウムイオン電池の構造

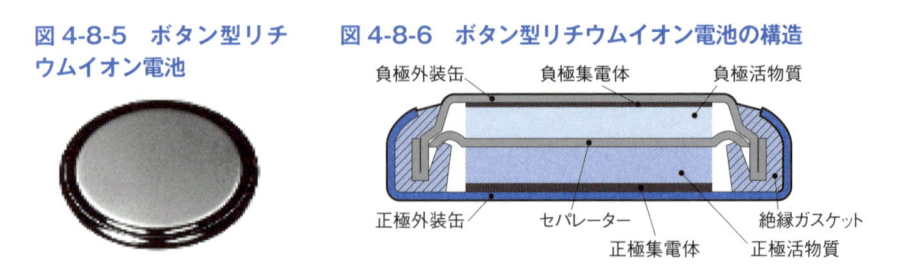

負極外装缶　負極集電体　負極活物質
正極外装缶　セパレーター　絶縁ガスケット
正極集電体　正極活物質

図 4-8-7　ラミネート型リチウムイオン電池（NEC ラミリオンエナジー）

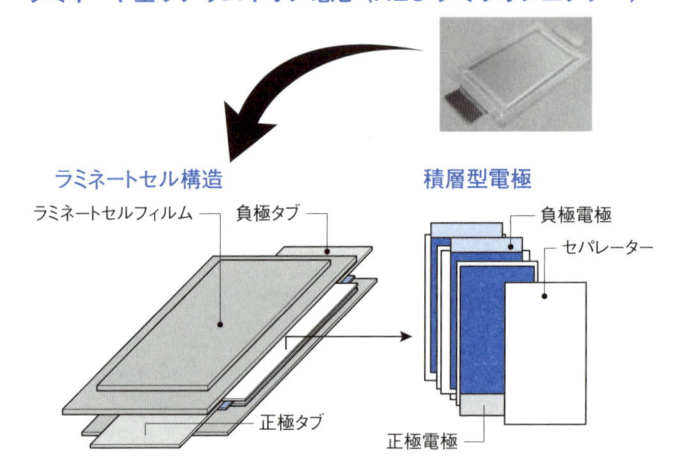

ラミネートセル構造
ラミネートセルフィルム　負極タブ　正極タブ

積層型電極
負極電極　セパレーター　正極電極

　異常上昇することがありますが、その場合にガスを放出するようにガス排出弁を設けています。
　また、内部圧力が上昇した場合に、電極に電気を流れなくする電流遮断装置（CID）を設けています。セパレーターは高温時には溶融して孔をふさぎ、電流を遮断する構成になっています。さらに電池の内部あるいは外部にPTC（Positive Temperature Coefficient）素子を組み込んでいるので、異常な大電流が流れると抵抗が大きくなり、電流を抑制します。複数本の単電池をケースに収めた電池パックには、ヒューズ、PTC素子、保護回路などが付与されます。

●化学反応

　正極板にコバルト酸リチウム（$LiCoO_2$）、負極板にグラファイト、有機電解液から成るリチウムイオン電池の化学反応について説明します（図4-8-8）。

化学反応式は以下のとおりです。

負極：$Li_xC_6 \underset{充電}{\overset{放電}{\rightleftarrows}} xLi^+ + xe^- + 6C$

正極：$Li_{1-x}CoO_2 + xLi^+ + xe^- \underset{充電}{\overset{放電}{\rightleftarrows}} LiCoO_2$

全体：$Li_xC_6 + Li_{1-x}CoO_2 \underset{充電}{\overset{放電}{\rightleftarrows}} LiCoO_2 + 6C$

標準電極電位は負極は-2.9V、正極は0.9Vであり、全体で3.8Vと高い電圧が得られます。公称電圧は3.7Vです。コバルト酸リチウムは酸化コバルトの層にリチウムが入り込んだ構造をしています。グラファイトとは炭素の結晶で、亀の甲状につながった層から構成されています。層内では強い共有結合ですが、層と層の間は弱い結合です。充電時には、正極の$LiCoO_2$に吸収されていたリチウムイオンが放出され、負極のグラファイトまで移動し、グラファイトの層の間に吸収されます。放電時は逆にグラファイトの層間のリチウムイオンが放出され、正極に移動し$LiCoO_2$の層の間に吸収されます。このときに外部に電気エネルギーが放出されます。このように非常にシンプルなしくみで充放電が行われるのでメモリー効果がまったく生じません。

図4-8-8　リチウムイオン電池の原理

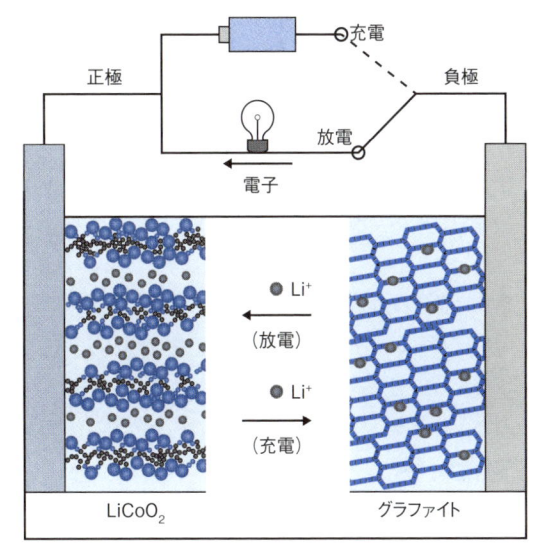

●特徴

リチウムイオン電池の第一の長所は、高い電圧が得られエネルギー密度が大きいことです。ニカド電池やニッケル水素電池の約3倍の電圧です。従来3本を直列に並べていた用途では1本ですみます。また、放電末期まで高い電圧が維持されます（図4-8-9）。

重量エネルギー密度はニカド電池の約3倍、ニッケル水素電池の約2倍あります。体積エネルギー密度はニカド電池、ニッケル水素電池の約2倍です。

メモリー効果はまったくありません。

図4-8-9　リチウムイオン電池の放電曲線

一方で欠点もあります。過充電・過放電すると内部の素材が劣化し性能が著しく低下します。電解液は有機溶媒を使用しているため、流出すると発火の可能性もあります。また水分が流入するとリチウムと激しく反応したり、電解質が変質してしまいます。この対策のために鉄缶やアルミ缶などの金属缶を使用して密閉構造にしています。また電池蓋の封口部分、ガスケットにもいろいろな工夫が施されています。そのために形状が大きくなってしまい、コストも高くなります。1kW当りの価格は、鉛蓄電池が3〜5万円、ニッケル水素電池が10万円前後であるのに対して10〜20万円です。特に電気自動車では電池コストが車両コストの半分近くを占め、コストダウンは重要課題です。正極に含まれるコバルトが大きな比重を占めており、代替の材料がいろいろ検討されています。

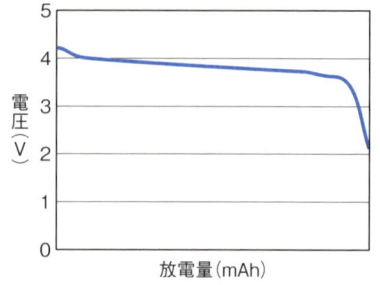

また電解質が液体であるために薄型化には限界があります。乾電池に比べて電圧が高くまた安全対策が必要なため、乾電池の代わりに使うことはできません。

●充電特性

過充電に弱いため充電方法を誤ると、電池に損傷を与えたり事故が起きる可能性があります。二次電池によっては、温度や電圧降下（-⊿V方式）などでフル充電を検知しますが、リチウムイオン電池の充電にはこれらの制御方式は適していません。また、フル充電後のトリクル充電も電解液に不可逆な分解反応が起きるため適していません。一般の充電器を使っての充電はやめましょう。

リチウムイオン電池の充電は定電流定電圧方式で行います（図4-8-10）。電池電圧が4.2Vに達するまで一定電流で充電します。この図では1Cの電流を流しています。時間の経過に伴い電池の端子電圧は上昇していきます。4.2V

に達してからは、定電圧充電に移行します。4.2Vの一定の電圧を印加して充電します。この間も充電容量が増えていきますがしだいに流れる電流は少なくなり、蓄積される容量の増え方も減少します。ある時間以降は電流が流れなくなり充電が完了です。定電圧充電に移行してからは充電量はあまり増えないにもかかわらず長い時間がかかっており、フル充電までに2時間近く必要です。

　定電圧充電での充電時間を短縮をするためにパルス充電という方法があります。電池電圧を細かくモニターしながらパルス電流を加えて充電することで、過充電を防止します。1C充電の場合、1.5時間くらいでフル充電を完了できます。急速充電技術の伸びは目覚しく、東芝製リチウムイオン電池SCiBでは5分で急速充電が可能となりました（4-10節参照）。

　2013年4月イリノイ大のチームは、1秒で充電でき、容量が30倍の超高性能リチウムイオン電池を開発したと発表しました。

図 4-8-10　リチウムイオン電池の充電特性（BAYSUN社）

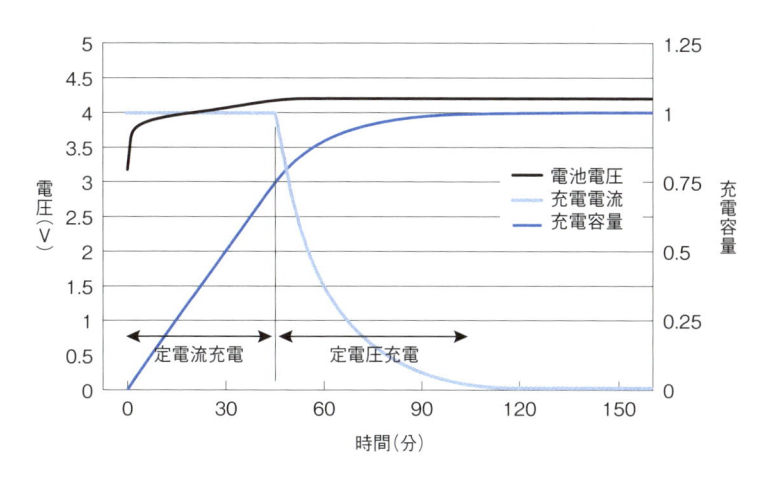

4-9 リチウムイオン電池の各部材

●正極材

正極材はリチウムイオン電池の性能とコストにもっとも大きな影響を及ぼす部材です。主にコバルト酸リチウムが使われて

表4-9-1 正極材の種類と特性（理論値）

正極材料	平均電圧 (V)	重量エネルギー密度 (kWh/kg)	体積エネルギー密度 (kWh/L)
$LiCoO_2$	3.7	0.52	3.0
$LiMn_2O_4$	4.5	0.40	1.9
$LiFePO_4$	3.3	0.50	1.7
$LiCo_{1/3}Ni_{1/3}Mn_{1/3}O_2$	3.6	0.58	2.9
$LiNi_{0.8}Co_{0.15}Al_{0.05}O_2$	3.6	0.72	3.3

いますが、コバルトは高価でほとんど輸入に依存しています。代わって表4-9-1に示す材料が開発されています。

マンガン系材料：エネルギー容量はコバルト系に比べて劣りますが、マンガンは埋蔵量が豊富でコバルトやニッケルよりも低コストです。過充電にも強く過充電対策の保護回路が不要になります。多くの企業が開発に取り組んでいます。NECは$LiMn_2O_4$を正極に用いた電気自動車用電池を生産しています。モジュール電圧は4Vで、商品化されている中では最高の値です。2012年10月にはさらに改良し、電圧4.5V、エネルギー密度も30％向上の0.2kWh/kgの電池を試作したことを発表しました。

鉄系材料：エネルギー容量は劣りますが安価で安全性が高いという特徴があります。BYD社他中国メーカーが積極的に取り組んでいます。

3元系材料：$LiCo_{1/3}Ni_{1/3}Mn_{1/3}O_2$はコバルト系とほとんど同等の性能を維持しながらも、コバルトの含有量が少なくコストを安くできます。

$LiNi_{0.8}Co_{0.15}Al_{0.05}O_2$はニッケル、コバルト、アルミニウムから成る複合化合物でNCA系材料と呼ばれます。高いエネルギー密度が得られます。

●負極材

リチウムイオン電池が誕生して以来、いろいろな材料の正極材が開発され

てきたのに対し、負極材はほとんどがグラファイトでした。しかしもっと大容量の電池を得るための負極材の開発も進んでいます。

カーボン系：固体炭素は結晶、非晶質、ナノカーボンといった状態をとります。リチウムイオン電池が誕生の頃は非晶質であるハードカーボンが用いられていましたが、放電とともに電圧が低下する欠点があり、現在は同じ非晶質のグラファイトが主流です。

チタン酸リチウム：東芝の開発したリチウムイオン電池SCiBの負極に用いられています[※注]。

その他Sn、Siが注目を浴びています。Snの理論容量は炭素の約2.5倍、Siは10倍以上もあります。しかし、充放電時に大きな体積変化が生じ、電極の欠落、崩壊を引き起こし、寿命が短いという問題があり、解決のための研究が続けられています。

2012年5月にスタンフォード大は二重層シリコンナノチューブの負極によって、6000回以上のサイクル寿命の電池を開発したと発表しました。

2012年12月にはライス大が多孔質シリコン粉末の負極によりグラファイトの3倍の容量、600回のサイクル寿命を確認したと発表しました。

●電解液

リチウムは水と激しく反応します。また高い電圧で用いるため、水溶液では電気分解を起こしてしまいます。そのため非水溶液系電解液を用います。カーボネート系溶媒にLiPF6などのリチウム塩を溶解したものが用いられます。

●セパレーター

セパレーターは負極と正極の絶縁以外に、万が一負極と正極がショートしたときに電流を遮断する機能も持っています。例えば融点の高いポリプレン（PP）と融点の低いポリエチレン（PE）を重ねます。ショートして温度が上がるとPEが軟化し空孔がふさがれ電流を遮断します。PPは融点が高いために板形状は維持することができます。

※注：SCiBについては4-10節で詳しく述べます。

4-10 SCiB 電池

●概要

2007年12月に東芝から発表された電池です(図4-10-1)。Super Charge ion Battery の頭文字から SCiB と名づけました。当初は産業分野を狙った商品でしたが、2010年に本田技研工業の電動バイクに、2011年には三菱自動車の EV 車(電気自動車)「i-MiEV」に、2012年9月にはスズキの新型「ワゴンR」、「ワゴンRスティングレー」のアイドリングストップ用のバッテリーに採用されました。さらに2013年夏に販売されるホンダの EV「フィット EV」にも搭載される予定です。

図4-10-1　SCiB 外観(東芝研究開発センター)

●構造

リチウムイオン電池の一種ですが、負極にチタン酸リチウム、正極にマンガン系材料、電解液には引火点が高く高温でも発火・破裂、短絡などの危険性が低い新材料を用いています。

●特徴

安全性が高く、サイクル寿命が長い、急速充電が可能、寒冷地でも使えるという多くの特徴を持っています。

負極のチタン酸リチウムはそれ自体が熱的に安定で燃えることがありません。また電解液とも反応しないので、リチウムイオン電池のように負極材と電解液の反応による熱暴走がほとんど発生しません。事故などで押しつぶさ

れても破裂発火が起こりにくいです。充放電サイクルもリチウムイオン電池は1000回程度であるのに対して6000回以上を達成しています。毎日充放電を繰り返しても16年もつことになります。リチウムイオン電池は急速充電でも約30分要しますがSCiBは6分で充電できます。また-30℃の寒冷地でも使用できます。

図4-10-2　SCiBの構造（東芝研究開発センター）

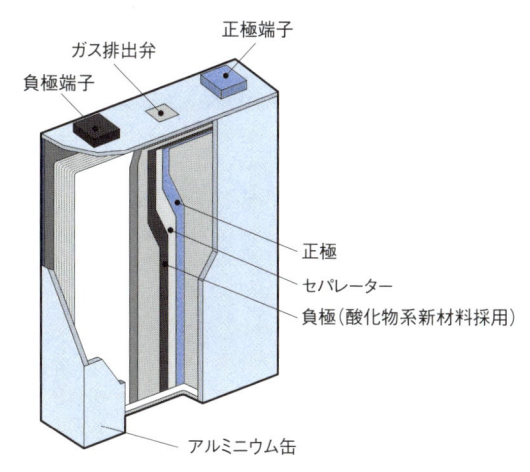

SCiBは自動車だけでなく、電動バイク、電動フォークリフト、業務用などさまざまな分野へ応用展開しています。電動フォークリフトは、鉛蓄電池を搭載したときには2年に一度交換しければなりませんが、SCiB電池であれば廃棄するまで交換する必要がありません。

表4-10-1に産業用とHEV用SCiB電池の比較を示します。HEV用では容量は20％ほど少なくなりますが、出入力は約3倍になっています。

また2012年11月には東芝ライテックは6.6kWhの大容量、3.0kWの大出力定置式家庭用蓄電システムの販売を開始しました。

表4-10-1　SCiBの特性一覧（東芝レビュー）

項　目	産業用SCiB$_{TM}$（AP146396HA）	HEV用SCiB$_{TM}$（開発品）
外形寸法（mm）	62（幅）×95（高さ）×13（厚み）	62（幅）×95（高さ）×13（厚み）
質量（g）	155	156
公称容量（Ah）	4.2	3.3
公称電圧（V）	2.4	2.5
出力密度（W/kg）	900	3,250
入力密度（W/kg）	1,350	3,500

4-11 リチウムイオンポリマー電池、全固体電池

●リチウムイオンポリマー電池

　基本的なしくみはリチウムイオン電池と同じですが、電解質が液体ではなく、ポリマー（高分子）に電解液を含ませてゲル状にしたものを用います。薄型にでき、柔らかい上に非常に丈夫です。

　図4-11-1に示すように正極、電解質、負極を重ね合わせて1組の層を形成します。数層を重ねて全体をアルミラミネートフィルムで包みます（図4-11-2）。

　1mm程度の厚さのものも作られています。単セルの厚さは0.1mm程度なので、容量を問題にしなければさらに薄型にすることが可能です。容器の厚さが減った分、負極、正極合剤を多く詰めることができ容量が増えます。電解液に比べると揮発しにくく安全で、また液漏れの心配もありません。形については比較的自由度が高く、円や曲線にも作ることができます。曲げられる電池も可能です。しかし一方でイオン伝導度が低いために、充電に少し時間がかかる、過放電に弱く、2.8V以下になると再充電できないという欠点があります。

●全固体電池

　電解質を含めたすべての部材を固体化した電池のことです。ペースメーカー用などの一部の小型電池については商品化されていますが、今後の本格

図 4-11-1　リチウムイオンポリマー電池の構造

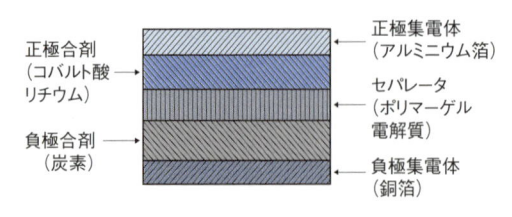

図 4-11-2　リチウムイオンポリマー電池

的な普及が期待されます。固体電解質には無機物材料と高分子材料が検討されています。

薄膜型とバルク型があります。薄膜型は気相法によって薄膜を形成し積層したものです（図4-11-3）。ペースメーカー用などで商品化されています。薄型になりますが、大きな容量が得られないという欠点があります。バルク型は微粒子を積層することによって作成します（図4-11-4）。大きな容量を得ることができ、今後の開発が期待されています。

全固体電池の長所は、電解液の流出の問題がなく、発火、燃焼の危険性が少なく安全な点です。特に自動車用途への応用が期待されています。容器が不要、あるいは簡略化できるので機器が小型にでき、さらにエネルギー密度が向上する可能性があります。従来用いられている電解液は、4Vを超えると電気分解を起こしてしまい、さらに電圧を高くすることは困難でした。しかし、固体電解質では5V系の正極材料が使える可能性があります。一方、最大の課題は固体電解質のイオン伝導度がまだまだ低いことです。

2012年9月にトヨタは東工大、高エネルギー加速器研究機構との共同研究によりLiイオン伝導度が「電解液並み」の固体電解質$Li_{10}GeP_2S_{12}$を開発しました。PHEVやEVに使える出力が得られています。現在は高価なゲルマニウムを用いていますが、今後は新しい材料を探索するとのことです。

図4-11-3　薄膜型全固体電池（「化学」2012年7月号全個体電池の最前線）

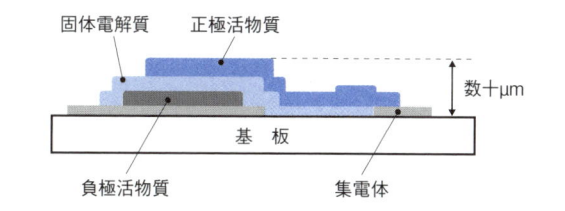

図4-11-4　バルク型全固体電池

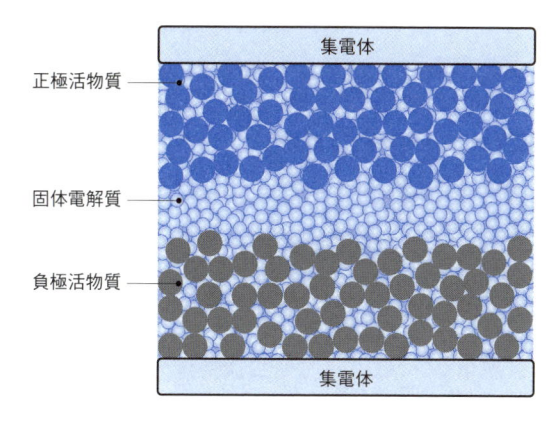

4-12 金属リチウム二次電池

●概要

　金属リチウムあるいはリチウム合金を負極とする二次電池です。一次電池としてのリチウム電池は1971年に松下電工が商品化しました。その後1980年代に二次電池として利用できるように改良されました。ただし、デンドライト（樹枝状結晶）が発生する問題があり、現在は微小電流を流すコイン型電池だけが実用化されています（図4-12-1）。リチウムの理論容量は3861mAh/gであり、リチウムイオン電池の負極で使われているグラファイトが372mAh/gであるのと比べると10倍以上であり、「将来の」二次電池の候補として期待されています。

図4-12-1　コイン型2酸化マンガンリチウム二次電池（日立マクセルエナジー）

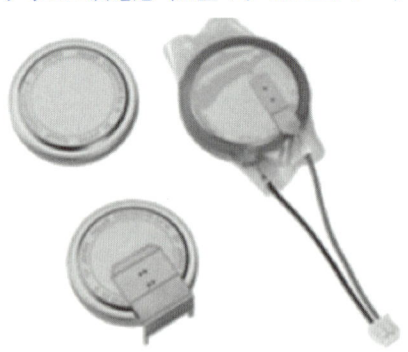

　次の反応により充電時に結晶のLiが負極の表面に析出します。

$$Li \underset{充電}{\overset{放電}{\rightleftarrows}} Li^+ + e^-$$

　この結晶はデントライト状（樹枝状）になり、充放電を繰り返すと結晶が成長しセパレーターを突き破って正極とショートし、最終的には発火する可能性があります。

●コイン型電池の種類

　コイン型金属リチウム二次電池は、ほとんどが機器組み込み電池として使われており、一般の人が購入することはできません。リチウムは反応性が非常に高いので、アルミニウムなどとの合金を用います。次の4種類のコイン型リチウム電池が開発されています。

・二酸化マンガンリチウム二次電池

　負極にリチウム・アルミニウム合金、正極に二酸化マンガンを使用した電

池です。公称電圧は2.5Vでニカド電池の約2倍です。サイクル寿命が長く、放電深度10％の場合約1000回充放電を繰り返すことができます。自己放電も非常に少なく5年放置後でも95％を維持しています。化学反応式は以下のとおりです。

負極：$LiAl \underset{充電}{\overset{放電}{\rightleftarrows}} Al + Li^+ + e^-$

正極：$MnO_2 + Li^+ + e^- \underset{充電}{\overset{放電}{\rightleftarrows}} LiMnO_2$

全体：$MnO_2 + LiAl \underset{充電}{\overset{放電}{\rightleftarrows}} LiMnO_2 + Al$

・チタン酸カーボンリチウム二次電池

負極にカーボン、正極にリチウムチタン酸化物を使用します。公称電圧は1.5Vでアルカリボタン電池、酸化銀電池と同じでほとんどの場合互換性があります。サイクル寿命は長く約500回充放電を繰り返すことができます。

・バナジウムリチウム二次電池

負極にリチウム・アルミニウム合金、正極にバナジウムを用います。公称電圧は3Vです。

・バナジウム・ニオブ・リチウム二次電池

負極にリチウムをドープした五酸化ニオブ、正極に五酸化バナジウムを用います。公称電圧はアルカリボタン電池、酸化銀電池と同じ1.5Vです。時計が主な用途です。

●次世代電池としての期待

金属リチウム二次電池はリチウムイオン電池より格段に容量を増やせる可能性があります。一時研究は下火になりましたが、この数年再燃する傾向にあります。首都大学の金村教授の負極とセパレーターについての研究を紹介します。

・ポリイミドセパレーターの研究

デントライトの発生を機械的に抑制する多孔構造ポリイミドセパレーターの開発に成功しました。3000回近くの充放電に耐えたとのことです。

・多孔合金系負極の研究

リチウム合金は、充放電反応によって膨張と収縮を繰り返し、しだいに微粉化し、電池容量が減少します。この対策のために多孔構造負極の研究を進めています。

4-13 ナトリウム硫黄電池

●概要

NAS電池とも呼ばれます。これまで説明してきた電池とは異なり、数10MWh級の大規模電力を貯蔵するための電池です。

ナトリウム硫黄電池の用途として、ピークカット用途があります。これは夜間に発電した電力を貯蔵して、電力が不足する昼間に使えるようにするものです。地方では揚水発電によって電力を蓄える方法がありますが、NAS電池による蓄電は都市部における分散型電力貯蔵システムと位置づけることができます。また、太陽光や風力などの自然エネルギーによる発電は、時刻変化、気象変化により出力が変動し不安定になるので、平滑化するためにいったん電池に蓄えますが、この際にナトリウム硫黄電池を利用します。日本では1980年代に開発が本格化し、2003年に世界で始めて日本ガイシと東京電力の共同開発により量産化されました。

●構造

単電池をまとめて断熱容器に収納してモジュールとします。さらにモジュールが組み合わさってシステムとなります（図4-13-1）。単電池は負極にナトリウム、正極に硫黄、電解質にβアルミナを用い、破損が拡大しないように電槽（非図示）に収納されます（図4-13-2）。βアルミナは常温では固体のセラミックスですが、高温になると、ナトリウムイオン

図4-13-1　NAS電池システム（日本ガイシ）

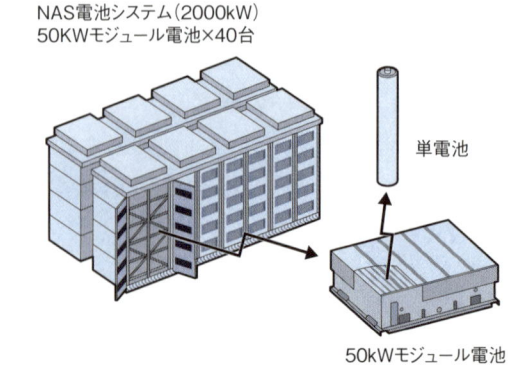

NAS電池システム（2000kW）
50KWモジュール電池×40台

単電池

50kWモジュール電池

が流れる固体電解質となります。単電池の電圧は約2Vです。

　ナトリウム、硫黄及び反応によって生成する多硫化ナトリウムを常時溶融状態に維持するために、またベータアルミナのイオン伝導性を大きくするために300～350℃付近で動作させなければなりません。始動時にはヒーターで暖めないといけませんが、ある程度時間が経過すると電池からの熱でまかなうことができます。

　ナトリウム硫黄電池の化学反応式は以下のとおりです。

負極：$Na \underset{充電}{\overset{放電}{\rightleftarrows}} Na^+ + e^-$

正極：$5S + 2Na^+ + 2e^- \underset{充電}{\overset{放電}{\rightleftarrows}} Na_2S_5$

全反応：$2Na + 5S \underset{充電}{\overset{放電}{\rightleftarrows}} Na_2S_5$

● **特徴**

　ナトリウム硫黄電池は鉛蓄電池に比べて約3倍のエネルギー密度です。常温で自己放電がほとんどなく、5000回（約14年）の充放電が可能で非常に長寿命です。また、完全密閉型で排ガスや騒音がありません。資源的に豊富な材料から構成され、量産によるコストダウンが可能です。一方、温度を300℃程度に維持しなければならないことや、ナトリウムのために火災時に水を用いることができないという欠点もあります。

　なお、2012年5月、大阪府立大学林助教、辰巳教授らのグループは全固体ナトリウム蓄電池の室温作動に成功したと発表しました。新材料の結晶化ガラスによって室温でも高いイオン伝導度を得ることができました。電池加熱用装置が不要となり、トータルとしてのエネルギー効率が向上し、かつ安全な蓄電池が実現できることが期待されます。

図4-13-2　NAS単電池の構造（日本ガイシ）

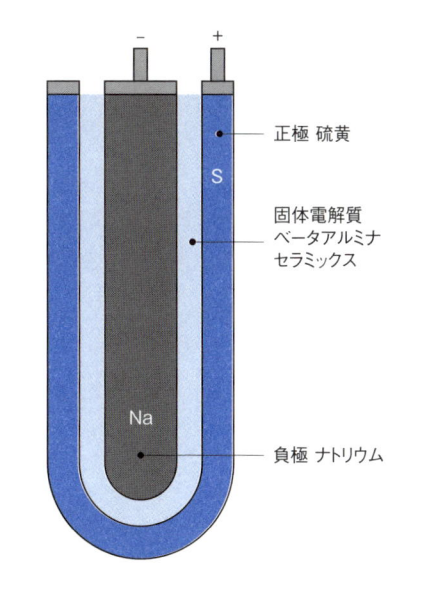

正極 硫黄
固体電解質 ベータアルミナ セラミックス
負極 ナトリウム

4-14 レドックス・フロー電池

●概要

　ナトリウム硫黄電池と同様、昼夜の電力需要変動の平準化、太陽光、風力などの自然エネルギー発電の均等化、停電時のバックアップ用などのための1000KW級の大型蓄電池として利用されています。1974年にNASAが基本原理を発表し、2001年に住友電気工業が日本ではじめて製品化しました。

●構造

　レドックス (redox) は、reduction-oxidation reaction を短縮したもので、還元—酸化反応という意味です。フローとは流動電池 (フロー電池) という意味で、活物質、電解液をポンプによって循環する構造になっています。

　負極用の活物質と電解液を入れたタンク、正極用の活物質と電解液をいれたタンク、さらに電池本体のセルスタックが別々になっており、ポンプによって電解液がセルスタックにくみ上げられます (図4-14-1)。負極、正極活物質は価数が変化する金属イオンを用いますが、バナジウム系が主流です。電解液はバナジウムの硫酸水溶液です。次の反応が起こります。

　　負極：V^{2+}（2価）$\underset{充電}{\overset{放電}{\rightleftarrows}}$ V^{3+}（3価）$+ e^-$
　　正極：VO_2^+（5価）$+ 2H^+ + e^- \underset{充電}{\overset{放電}{\rightleftarrows}} VO^{2+}$（4価）$+ H_2O$

標準電位は負極は-0.26V、正極は1.00Vで、総合して起電力は1.26Vとなりますが、実際に計測される起電力は1.4Vです。負極で3価のVイオンが2価に還元され、正極で4価のVイオンが5価に酸化されています。隔膜は、水素イオンは通しますがバナジウムイオンは通しません。高い電圧を得るには直列接続したスタック構成にします (図4-14-2)。

●特徴

　原理が単純なためサイクル寿命が10000回以上と長く、実用上10年以上利用できます。室温で動作するので熱源が不要です。その他、負極と正極が別

図 4-14-1　レドックスフロー電池の原理（放電状態）

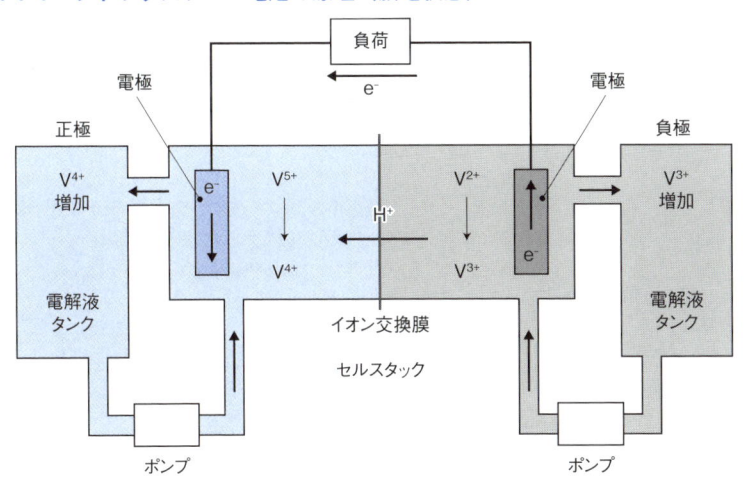

タンクに蓄えられているため自己放電が少ない、タンクを増設するだけで電池容量を増やすことができる、電解液がほとんど変化しないため半永久的に利用できるといった長所があります。一方で装置が大きくなる欠点があります。

なお、2012年7月、住友電気工業は最大出力1MWのレドックスフロー電池と200kWの太陽光発電と組み合わせた実証実験を開始しました。2013年に外販に乗り出し、2020年には年間1000億円の売り上げを目指しています。

図 4-14-2　スタック構成（住友電工）

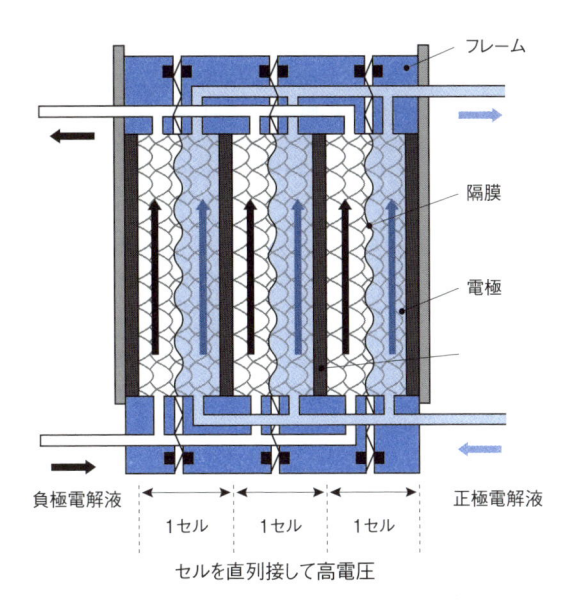

4-15 電気二重層キャパシター

●概要

電気二重層キャパシター（図4-15-1、図4-15-2）は物理電池の一種です。容量が小さいため少し隠れた存在でしたが、この数年新たな用途が開発されたこともあり注目が集まっています。富士経済では2016年の市場を2010年に比べて4倍近くの270億円と見込んでいます。

図4-15-1　電気二重層キャパシター・コイン型（パナソニック）

図4-15-2　電気二重層キャパシター・円筒型と箱型（日本ケミコン）

●特徴

電気二重層キャパシターは非常に長寿命で、10万～100万回の充放電が可能です。また、内部抵抗が小さいので短い時間で充電でき、数秒で90％充電できるものもあります。出力密度は非常に高くリチウムイオン二次電池の5倍近くあります。一方で、エネルギー密度が低い、自己放電が比較的多い、価格が比較的高いという問題があります（図4-15-3）。

●構造

電気二重層キャパシターのしくみを説明します。イオン性の電解液の中に負極、正極用の金属電極板を浸します。外部から電圧を印加しない状態では、電解液中のプラスイオン、マイナスイオンとも均一に散らばっています（図4-15-4の左図）。外部電圧を印加すると、プラス側の電極にはマイナスイオ

ンが吸着しマイナス側にはプラスイオンが吸着し、キャパシター（コンデンサー）を形成します。この層のことを電気二重層といいます。この厚さは分子1層分くらいで1nm程度であり、急激な電位変化が生じています。キャパシターが蓄えることができる電気量は、電極の表面積に比例し電極間の距離に反比例します。電気二重層に蓄えられる電気量も同じで、電極と電解質との接触面積に比例し、電気二重層の厚さに反比例します。したがって非常に多くの電気を蓄えることができます。

実際の電池では電極の表面積をできるだけ大きくするために、負極、正極とも活性炭を塗ります。放電時には吸着されたイオンが解放されます。このように充放電のしくみが単純な物理反応なので、長寿命となります。またショートを防ぐために負極と正極の間にセパレーターを配置します。

電解液には水系かあるいは有機系が使われます。有機系電解液は電気分解しにくいので電圧を2.5～2.7Vに上げることができ蓄電量を増やすことができます。しかし一方で電気伝導度が劣るという欠点があります。

実際のセル構造は、円筒型は正極用アルミ、正極用活性炭素、セパレーター、

図4-15-3　電気二重層キャパシターと他の二次電池の比較

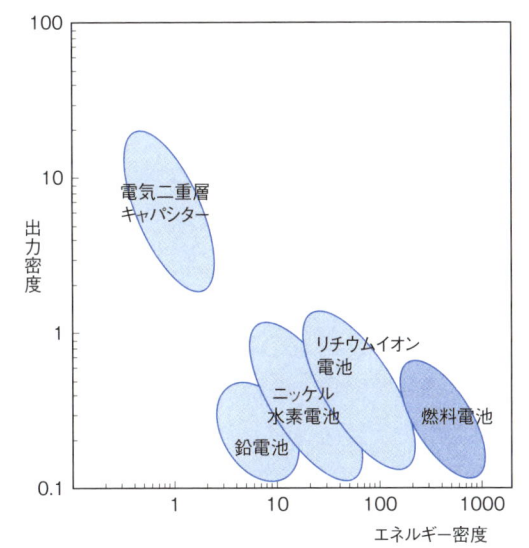

図4-15-4　電気二重層キャパシターの仕組み

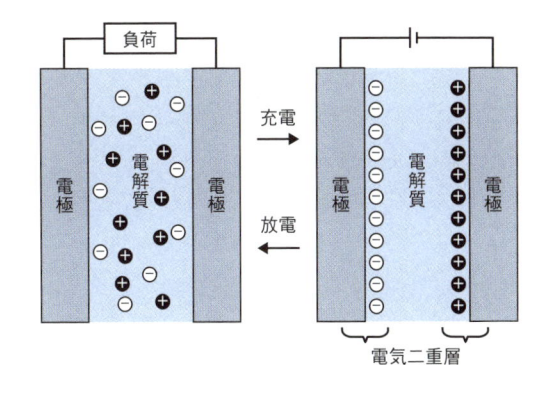

負極用活性炭素、負極用アルミを重ねて巻き上げ円筒容器に入れ電解液に含浸します（図4-15-5）。箱型は、正極用アルミ、正極用活性炭素、セパレーター、負極用活性炭素、負極用アルミを積み重ねて製作します（図4-15-6）。代表的な形状について、緒元を表4-15-1に示します。

図4-15-5　円筒型電気二重層キャパシターの構造（ルビコン）

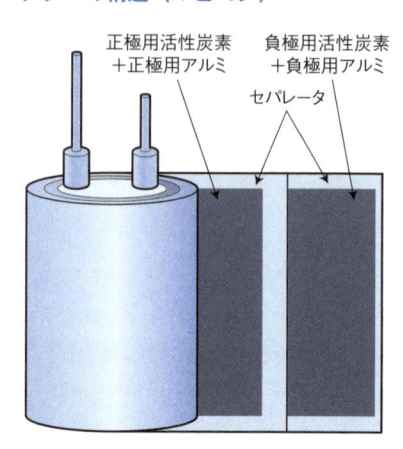

図4-15-6　箱型電気二重層キャパシターの構造

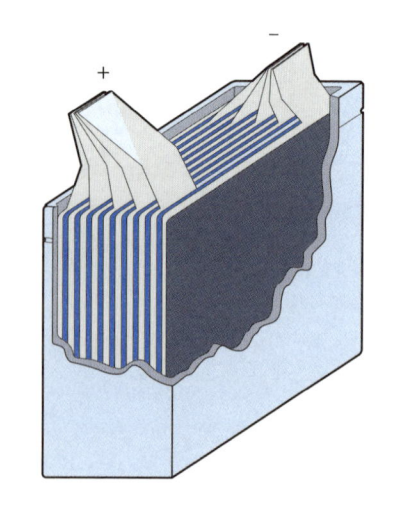

●利用分野

主な用途について説明します。

携帯電子機器分野：携帯電話、ノートパソコン用メモリーのバックアップ用途に使われます。2012年4月にはセイコーインスツルは7.4mFと大容量でありながら3.2mm×3.2mm×0.9mmと超小型電池を開発しました。身の回りの小さなエネルギーで電子回路を動かすエネルギーハーベスティングにも使うことができます。モバイル機器はほとんどパルス駆動なので、メインバッテリーの補助用にパルス負荷平準化用として用いることによってメインバッテリーの放電時間を2倍近くに伸ばすことができます。

産業分野：エレベータ、クレーン、UPS（無停電電源装置：メイン電源が落ちても電源を供給する装置）などに使われます。エレベータでは降りるときのエネルギーを電池に蓄え、昇るときに利用します。

輸送機器分野：自動車や鉄道用など大出力が求められる分野での応用が広がっています。マツダは2012年11月に、日本ケミコンと共同開発した電気二重層キャパシターを用いて減速時のエネルギーを蓄えることができる回生

システムを搭載した「アテンザ」を販売しました。開発した電池の大きさは直径40 mm、高さ150mmの円筒形タイプです。

自然エネルギー電力貯蔵分野：太陽光や風力発電による出力電力の安定化用蓄電装置として期待されています。

表4-15-1 電気二重層キャパシターの仕様例

項　目	単位	積層コイン型	円筒型
直径	(mm)	10.5	50
高さ	(mm)	5.5	172
最大使用電圧	(V)	5.5	2.5
容量	(F)	0.33	2300
最大蓄積エネルギー	(J)	5	7200
	(Wh)	0.0014	2

　なお、電気二重層キャパシターは内部抵抗が非常に少ないので、感電すると大電流が流れ非常に危険です。数10Vでも生命に危険が及ぶことがあります。充電状態の電池を扱うときには十分に注意しましょう。

●電気二重層キャパシターの発展

　電気二重層キャパシターはエネルギー密度が小さいという欠点がありますが、改善の検討も進んでいます。

・ハイブリッドキャパシタ

　2つの電極のいずれか1つに電気二重層を使用し、もう一方の電極には酸化還元反応を利用した電池のことをハイブリッドキャパシタといいます。リチウムイオンキャパシタが製品化されています。負極は黒鉛やハードカーボンなどからなりLiイオン二次電池の構造をしていて、正極は活性炭からなり電気二重層の構造をしています。電圧は4V程度と高く、エネルギー密度も、電気二重層コンデンサーの約3〜4倍あります。

・スーパーレドックスキャパシタ

　両極とも電池電極としたキャパシターをスーパーレドックスキャパシターといいます。東京農工大と日本ケミコンは、2010年5月に、負極に$Li_4Ti_5O_{12}$、正極に$LiFeO_4$を用いることにより電気二重層キャパシターの7倍のエネルギー密度、また負極にハードカーボン正極に$LiFePO_4$を用いることにより、13倍のエネルギー密度を持つ電池を開発したと発表しました。

4-16 研究段階の二次電池

●空気電池

正極活物質を酸素、負極活物質を金属とする電池を空気電池といいます。酸素は空気からとり込むことができるので、すべてのスペースを負極活物質に使え、大きな電気容量を得る

表4-16-1 金属空気電池の性能（理論値）

金属	電圧(V)	エネルギー密度（酸素は除外 Wh/kg）
Li	2.91	11140
Mg	2.93	6462
Al	2.71	8100
Liイオン電池		1000以下

ことができます。一次電池としての空気電池は3-8節で説明しましたが、二次電池としての空気電池も電気自動車を主なターゲットとして積極的に研究が進められています。二次電池として注目されている空気電池のエネルギー密度の理論値を表4-16-1に示します。リチウムイオン電池と比べて6～10倍以上と、格段に大容量となる可能性があることがわかります。しかしさまざまな課題が残存しており未だ製品化に至っていません。

・リチウム空気電池

1996年に米国のK.M.Abraham等が最初に発表しました。さまざまな空気電池の中でもっとも精力的に研究が進められています。特にトヨタ、IBMでは電気自動車のメイン技術と位置づけ開発に取り組んでいます。正極に多孔質炭素、負極に金属リチウム、電解質から構成されます。電解質には水溶液、非水溶液、固体、ゲル状高分子などが検討されています。放電の仕組みを図4-16-1を用いて説明します。充電はこれと逆になります。放電の化学反応式は次式になります。

　　負極：$Li \rightarrow Li^+ + e^-$

　　正極：$O_2 + 2H_2O + 4e^- \rightarrow 4OH^-$

　　全体：$4Li + O_2 + 2H_2O \rightarrow 4Li^+$

空気中の酸素は炭素の孔を通過し水溶液と反応し水酸化イオンとなりま

図4-16-1 リチウム空気電池のしくみ（放電時）

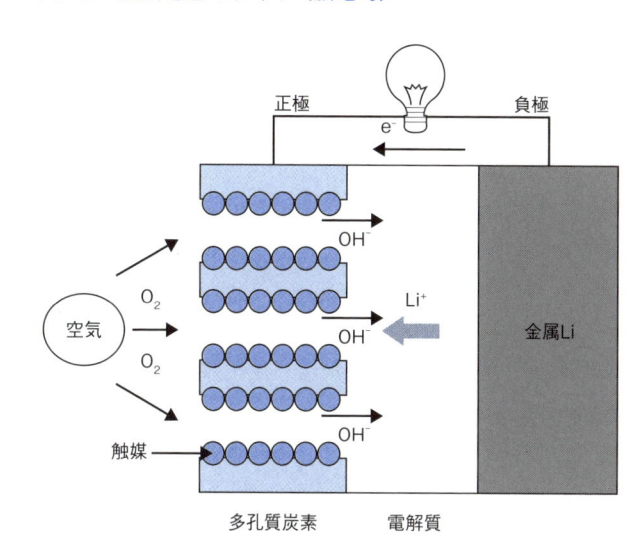

　す。現在のところ大容量電池としての可能性は確認されていますが、電解質の改変などにより十分なサイクル寿命が得られてません。

　アルミニウム空気電池、マグネシウム空気電池は材料費が非常に安く魅力的ですが、理論電圧に比べてかなり低い電圧しか得られておらず二次電池としての完成度は低い状態です。現在はアルミニウム、マグネシウムが消費されたら交換・追加するという燃料電池としての研究が進められています。

●ナトリウムイオン電池、マグネシウムイオン電池

　リチウムイオン電池は性能的には非常に優れており、現在のところ比較的安定に供給されています。しかし原材料のリチウムは将来電気自動車市場が順調に成長すると、供給が逼迫する可能性があります。リチウムの代わりになる材料としてナトリウムや、マグネシウムが期待されています。ナトリウムイオン電池、マグネシウムイオン電池の基本的な仕組みは図4-8-8のリチウムイオン電池と同じです。リチウムイオンの代わりにナトリウムイオンあるいはマグネシウムイオンが移動します。しかしこれらの原子の大きさはリチウムに比べて大きくグラファイトでは吸蔵できないので、電池として実現

することは簡単ではありません。

ナトリウムイオン電池の開発状況についてはColumnに示します。

マグネシウムは海水からも精製することができ非常に豊富に存在する材料です。2012年12月に産総研は、顔料であるプルシアンブルーを正極材としたマグネシウムイオン電池を開発し、リチウムイオン電池の半分近い容量を得ることができました。

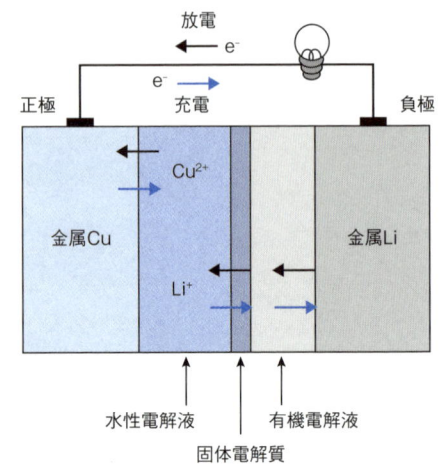

図4-16-2　リチウム-銅二次電池のしくみ

(図：正極（金属Cu）と負極（金属Li）、水性電解液、固体電解質、有機電解液、Cu^{2+}、Li^+、放電・充電時のe^-の流れ)

Column
リチウム空気電池の取り組み

・IBMの取り組み

　IBMでは電気自動車用リチウム空気電池の開発プロジェクト「バッテリー500」を結成し、精力的に研究・開発に取り組んでいます。プロジェクトの名前は一回の充電で500マイル（800km）の走行を可能にするバッテリーを実現することを目標にしていることにちなんでいます。現在のリチウムイオン電池では800km走行するのに必要な電池質量は1500kgにもなりますが、「バッテリー500」では150～300kgを目標にしています。2020年から2030年の商用化を目指しています。

・トヨタとBMWが共同研究

　2013年3月トヨタとドイツのBMWが燃料電池としてのリチウム空気電池の共同研究に合意しました。2020年をめどに導入予定とのことです。

●リチウム-銅二次電池

産総研でリチウム-銅二次電池を開発中です。構造は図4-16-2のようになっており、正極の容量密度はリチウムイオン電池の5倍もあり、またリチウムのリサイクルが容易であるという特徴を持っています。しかし現状は固体電解質のイオン伝導率が低いという問題があり研究中です。

> ## Column
> ## ナトリウムイオン電池の研究
>
> ナトリウムイオン電池の研究状況をいくつか紹介します。
>
> ・東北大グループの研究
>
> 東北大薮内講師、駒場准教授らの研究グループは負極にグラファイトの代わりにハードカーボンを使用し、正極に$NaLi_{0.5}Mn_{0.5}O_2$を用いて3V級の蓄電池が実現できる可能性を実証しました(表4-16-A)。価格はニッケル水素電池よりも安く、鉛蓄電池並みが実現できるとのことです。また同グループは正極材としてレアメタルを使わない鉄系層状酸化物を発見しました。今後の課題はサイクル寿命の向上です。
>
> ・トヨタの研究
>
> トヨタはナトリウムイオン電池の研究をすすめていますが、2012年11月に容量がリチウムイオン電池の90%に達したと発表しました。1回の充電で500～1000kmの走行距離を実現できる電池を目指しています。
>
> ・全固体ナトリウムイオン電池の開発
>
> 2012年5月に大阪府立大の辰巳教授のグループは室温で動作する全固体ナトリウム電池用電解質を開発しました(4-13参照)。
>
> 表4-16-A 東北大研究グループのNaイオン電池の性能
>
> | | Naイオン電池 | Liイオン電池 |
> | --- | --- | --- |
> | 正極(mAh/g) | 140 | 120 |
> | 負極(mAh/g) | 360 | 240 |
> | 平均動作電圧(V) | 3.7 | 3 |

4・二次電池

4-17 非接触充電

●非接触充電市場

ワイヤレス充電あるいは無線充電ともいいます。現在はスマートフォン向けが主体ですが、今後もっと大きな電力を送れるようになればノートパソコンをはじめさまざまなモバイル機器に応用され、さらに将来には、EV（電気自動車）の充電にも利用されると期待されます。

●非接触充電の原理

電磁誘導方式、磁気共鳴方式、電波方式の3つの方式があります。

市販されているほとんどは電磁誘導方式です。2つのコイルを対面させて配置します（図4-17-1）。一次側コイルに交流電流を流すと、二次側コイルに誘導電流が流れます。整流器で直流に変換し電池を充電します。一次コイルと二次コイルの間隔が狭いときには90％以上の効率が得られますが、広がると急激に劣化します。数mm〜数10cmの距離で使います。コイルの位置合わせや向きもある程度精密に合わせる必要があります。日立マクセル製スタンド

図4-17-1　電磁誘導方式ワイヤレス給電のしくみ

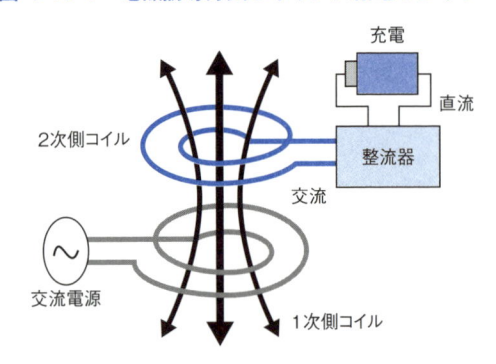

図4-17-2　ワイヤレス充電器（日立マクセル）

型ワイヤレス充電器を図4-17-2に示します。本製品はQi規格[※注]に対応しています。送電電力は5Wです。ちなみにiPhone付属の充電器の出力も5Wです。

磁気共鳴方式（図4-17-3）は、A4WPという団体が推進しています。一対のコイルを用いる点では電磁誘導方式と似ていますが原理は異なります。一対のコイルは同じ固有振動数を持っています。送り手側が固有振動数の磁場を発したとき、受け取り側のコイルは共鳴し電流が流れます。MITは2m離れた60Wの電球を点灯することに成功しました。ギャップが1mのときの効率は90％、2mのときは45％でした。

電波方式は、電力をマイクロ波に変換しアンテナで送受信します（図4-17-4）。数mの距離でも送ることができ、位置ずれの影響を受けにくいという特徴がありますが、効率は悪く、また数W以上の送電には不向きです。

図4-17-3　磁気共鳴方式ワイヤレス給電のしくみ

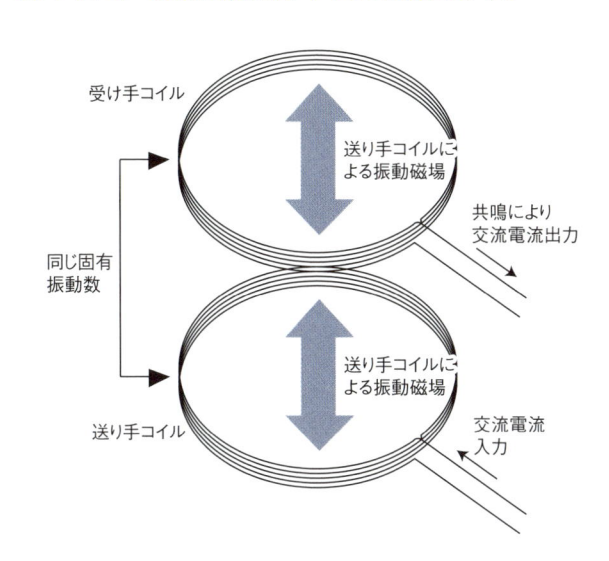

図4-17-4　電波方式ワイヤレス給電のしくみ

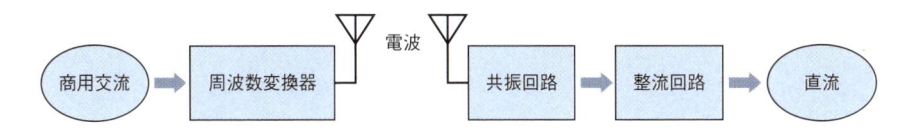

※注：Qiはチイと発音します。Qi規格とは5W以下の省電力の電磁方式ワイヤレス給電について定めた規格です。WPCという団体が推進しています。次のステップとして15W、近い将来には120Wの規格が定められる予定です。

第5章

燃料電池

水の電気分解とは逆に、水素と酸素から電気を生み出すのが燃料電池です。環境を破壊する物質をほとんど排出しないで電気を生み出すことができます。モバイル機器から火力発電所の代替えまで、小電力から大電力までさまざまな製品の研究開発が続けられています。現在の最大の課題はコストの低減ですが、実用化に向けて着実に進歩を続けています。

5-1 燃料電池の歴史としくみ

●燃料電池の歴史

燃料電池の歴史は古く1801年にハンフリー・デービーによって考案され、1839年にウィリアム・グローブによって作成されました。希硫酸の中に2個のプラチナ電極を入れ、水素と酸素を供給することによって発電させました。図5-1-1のように、これを4つ直列につなぐことによって高い電圧を得ました。この電池を用いて水の電気分解を行いました。その後しばらく研究が途絶えましたが、1965年にアメリカのNASAの有人宇宙飛行計画ジェミニ5号で燃料電池が採用され、再び注目されるようになり、ガス業界、電気業界が参入してきました。

日本では70年代のオイルショックを受け、省エネルギー技術や新エネルギーの開発を目指して、「サンシャイン計画」や「ムーンライト計画」という国家プロジェクトが始まりました。燃料電池も新しい電気エネルギー源として研究開発が進められました。2002年には、トヨタとホンダが燃料電池電気自動車を市販しました。現在では分散型発電の必要性が認識され、高効率で小型のオンサイト型燃料電池（燃料電池を設置する場所で水素製造を行うシステム）の開発や、コスト低減、耐久性の向上のための研究・開発が進められています。

図5-1-1　グローブの実験

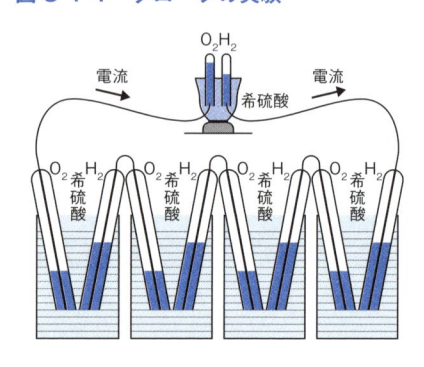

●発電の原理

水の電気分解では電気によって水素と酸素を発生しますが、燃料電池は逆に水素と酸素から電気を作り出します（図5-1-2）。反応式は次のようになります。

負極：$H_2 \rightarrow 2H^+ + 2e^-$

正極：$1/2 \cdot O_2 + 2H^+ + 2e^- \to H_2O$

全体：$H_2 + 1/2 \cdot O_2 \to H_2O$

電解質中を水素イオンが負極から正極に移動します。

図 5-1-2　燃料電池の原理

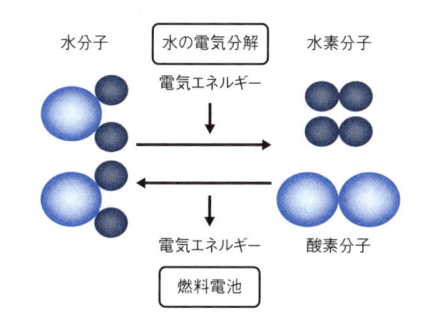

●燃料電池の構成

燃料電池は電解質を負極と正極ではさんだ構成になっています（図5-1-3）。燃料電池では負極のことを燃料極、正極のことを空気極あるいは酸素極といいます。負極に水素、正極に酸素を送り込みます。すると上の式で示した化学反応が起こり電流が流れます。酸素は空気中の酸素を利用しますが、いかにして水素を供給するかがポイントとなります。水素の供給方法については5-3節で説明します。

このように燃料電池は、水素と酸素を供給する限りは、いつまでも発電させることができるので、発電機であるともいえるでしょう。この一組の電池のことをセルといいます。起電力は1つのセルでは非常に低いので、実用的な電圧を得るために、この構造のものを直列接続して重ね合わせたスタック状構成としています。

図5-1-3からわかるようにセルの中には二次電池で説明したようなセパレーターはありませんが、スタック状にするときには、各セルを分離しなければなりません。そのためにセパレーターが用いられます。電極は炭素や金属製で、電解液と接触する面積ができる限り広くなるように多くの孔があります。このような形状を多孔性といいます。孔の表面には触媒として白金が塗られます。電解質、触媒、水素や酸素ガスが共存するところで上式の化学反応が起こります。

図 5-1-3　燃料電池の構成

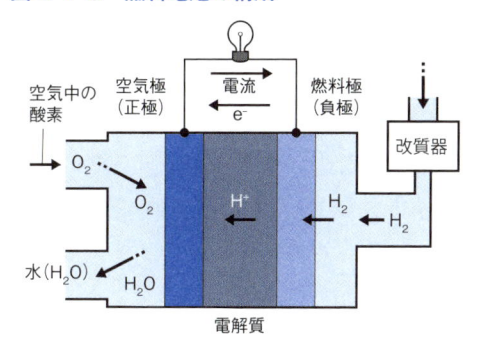

5-2 燃料電池の基本特性

●燃料電池のエネルギー効率と起電力の理論値

燃料電池のエネルギー効率を計算します（図5-2-1）。水素1モル、酸素0.5モルから水1モルが生成される時の燃焼熱は286kJです。このうちの237kJが電気エネルギーに変換されます。したがって理論的なエネルギー効率は83％となり、火力発電の発電効率（約40～60％）と比べてかなり高い値です。

図5-2-1　燃料電池のエネルギー効率

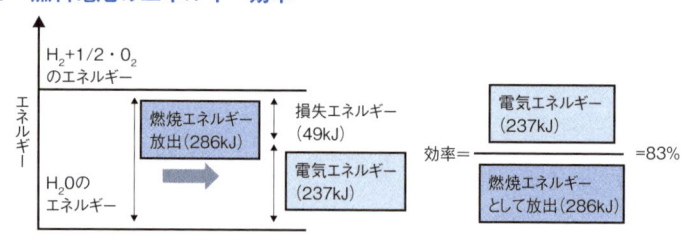

エネルギー
- $H_2+1/2・O_2$のエネルギー
- H_2Oのエネルギー
- 燃焼エネルギー放出(286kJ)
- 損失エネルギー(49kJ)
- 電気エネルギー(237kJ)

$$効率 = \frac{電気エネルギー(237kJ)}{燃焼エネルギーとして放出(286kJ)} = 83\%$$

次に起電力を計算します。得られた電気エネルギー237kJの実態は電子のエネルギーです。電子一個のエネルギーは電子の電荷量と電圧かけたものです。化学反応式から水素1モルにつき、電子が2モル生成しますので、

237kJ＝2×アボガドロ数×電子の電荷量×起電力

となります。この式から理論的な起電力は1.23Vと算出できます。しかし実際は損失が生じるため。この値よりも低くなります。

火力発電と燃料電池の発電効率を比較してみましょう（図5-2-2）。ともに化石燃料の化学エネルギーを利用しています。火力発電は、化石燃料の化学反応による熱でボイラーの水を暖め蒸気に変換し、蒸気の力でタービンを回転させます。回転力は発電機によって電気に変換されます。このように3段階にわたってエネルギーが変換され、最終的な発電効率は40～60％となってしまいます。一方燃料電池は化学エネルギーから直接電気エネルギーを得るので発電効率は高くなります。

図5-2-2　火力発電と燃料電池の発電効率の違い

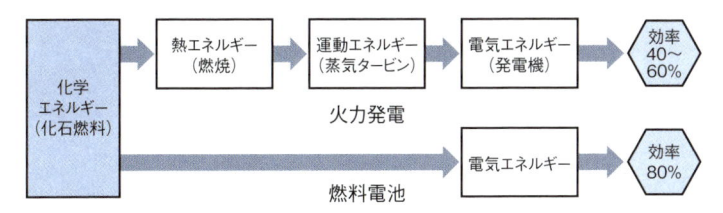

化学エネルギー（化石燃料）→ 熱エネルギー（燃焼）→ 運動エネルギー（蒸気タービン）→ 電気エネルギー（発電機）→ 効率40～60%　火力発電

化学エネルギー（化石燃料）→ 電気エネルギー → 効率80%　燃料電池

●発電効率の理論値と実際の値の差の原因

　燃料電池のエネルギー効率の理論値は83％ですが、実際は35％程度で、はるかに劣っています。この原因をつきとめ対策することが効率の向上に結びつきます。劣化要因について説明します。

　理想的な電池は取り出す電流の値にかかわらず理論電圧1.23Vを維持できることです。しかし実際は損失が生じるために起電力が下がってしまいます。この現象を分極といいます。一般的な分極については2-6節で説明しましたが、ここでは燃料電池特有の分極について説明します（図5-2-3）。要因は3つあります。

①活性化分極

　電池反応が始まるとすぐに電荷が移動して電極と接触する電解質界面に電気二重層が形成され（4-15節参照）、電荷移動に伴う損失が生じます。

②抵抗分極

　内部抵抗による分極です。もっとも大きな要因は電解質膜の電気抵抗です。改善するには電気伝導度の高い材料を使う、電解質膜を薄くするなどの方法があります。

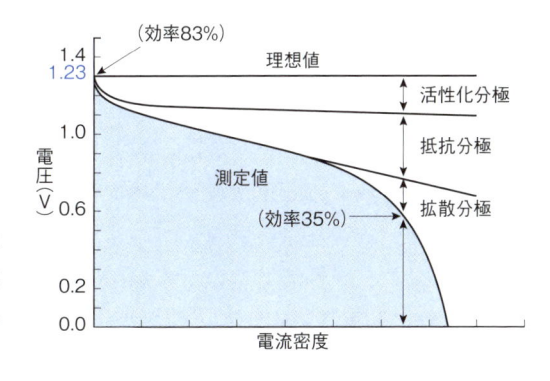

③拡散分極（濃度分極）

　十分な量の水素と酸素を送り込む必要がありますが、不十分だと反応がスムーズに行われず、電圧が降下します。

図5-2-3　分極の要因

（縦軸：電圧(V) 0.0～1.4、横軸：電流密度。効率83%で1.23V、理想値、活性化分極、抵抗分極、拡散分極、測定値（効率35%））

5-3 水素の製造・貯蔵・流通・販売

●製造方法

　燃料電池にとって低価格で高純度の水素を得ることが非常に重要な課題となります。水素の製造方法を説明します。

・化石燃料の改質(熱化学的方法)

　天然ガス、メタノール、ガソリン、石炭、ナフサ、メタノールなどの化石燃料から水素を取り出すことを改質といい、その装置のことを改質器といいます。次の方法があります。

①**水蒸気改質法**：天然ガスから水素を取り出す方法です。天然ガスを数100℃まで加熱し、触媒の元でスチームと混合すると、以下の化学反応が起こり水素と一酸化炭素を生成します。一酸化炭素は、さらに水と反応し二酸化炭素と水素を生成します。

$$C_nH_m + n\,H_2O \rightarrow n\,CO + (m/2 + n)\,H_2$$
$$CO + H_2O \rightarrow CO_2 + H_2$$

　触媒にはニッケルや酸化ニッケルが用いられます。反応温度を低くできる触媒の開発も進められています。生成したガスは水素と二酸化炭素が含まれており、粗ガスといいます。粗ガスから二酸化炭素を除去し、水素を得ます。

②**部分酸化改質法**：部分燃焼改質法とも呼ばれます。石炭などの固体や液体燃料から水素を取り出す方法です。高温に加熱した燃料、スチーム、酸化剤を混合し1300℃位の反応器に投入すると、部分的な燃焼が生じ、水素を主成分とする粗ガスを得ることができます。触媒を使わなくてすみます。

③**自己熱改質法**：水蒸気改質法は絶えず熱を供給しなければなりません。一方部分酸化改質法は発熱反応です。水蒸気改質法と部分酸化改質法を組み合わせることで外部加熱のエネルギーを軽減できます。

・副生水素の利用

　各種の製造工場の生産過程で発生した水素のことを副生水素といいます。

以下の方法で得ます。
① **カセイソーダーメーカー**：カセイソーダーは食塩水を電気分解して製造しますが、この過程で高純度の水素が得られます。
② **製鉄所**：製鉄所では燃料としてコークスを用いていますが、コークスを製造する際にコークス炉ガスというガスが発生します。この中には55％もの水素が含まれています。
③ **製油所**：石油を精製後の残留分で水素を取り出します。

・**水の電気分解**
　電力消費が大きく効率的ではありません。電力源として太陽光発電や風力発電などの自然エネルギーを利用する方法が考えられています。水を熱で直接分解する方法も考えられますが、3500℃の加熱が必要で、これだけの温度に耐える素材はあまりなく、ほとんど不可能でしょう。

・**バイオマスの利用**
　生ごみや畜産廃棄物から水素を取り出す研究も行われています。しかし、実用化にはまだ時間がかかるでしょう。

●貯蔵・輸送・販売方法

　燃料電池が普及するためには水素の貯蔵方法、輸送方法、販売ステーション（水素ステーション）を充実化させることが必要です。

・**貯蔵・輸送**
① **圧縮して貯蔵・輸送**：350気圧あるいは700気圧に圧縮して貯蔵・運搬します。
② **液体にして貯蔵・輸送（図5-3-1）**：水素は-253℃以下に冷やすと液体になり、体積が約800分の1になります。
③ **パイプラインで輸送**
④ **金属に吸蔵して貯蔵・運搬**：非常に扱いやすいというメリットがあります。

図5-3-1　移動式水素ステーション（岩谷産業）

・**販売ステーション**
　改質をどこで行うかによって分類できます。他の場所で製造した水素を販売ステーションで保存するオフサイト型と、原料を保存しステーションで改質するオンサイト型があります。

5-4 燃料電池の用途

小さいものから、大きいものまで非常に幅広い用途が考えられています。

●モバイル燃料電池

ノートパソコンなどのモバイル機器向けの燃料電池（図5-4-1）で、カセットを取り替えるだけで何度も使うことができます。燃料にはメタノールが使われます。一度カセットを交換すれば二次電池より長い時間使うことができます。発電力は数W～数10W程度です。2008～2009年にいくつかのメーカーが製品化しましたが、残念ながらほとんど受け入れられませんでした[※注]。

図5-4-1　モバイル燃料電池（日本電機工業会）

図5-4-2　可搬用燃料電池「YFC-1000」（ジーエス・ユアサ コーポレーション）

●可搬用燃料電池

静音特性とクリーンな排ガスという特徴を活かし、従来のガソリン型発電機では実現できなかった場面での利用が期待されます（図5-4-2）。メタノールのカートリッジが使われます。発電量は10W～数100Wです。

●家庭用コージェネレーションシステム

発電しながら、排熱を利用する機器でエネルギーを有効活用でき、CO_2の削減にもなります。発電規模は300～1000Wです。水素改質装置を付設しており、ガスから水素を取り出します。詳しくは5-11節を参照してください。

※注：2012年10月アクアフェアリー社がスマートフォンにも充電できる水素を燃料とする3W級の燃料電池を発売しました。詳しくは5-10節を参照ください。

●燃料電池自動車

エネルギー効率が高く省資源です。走行中、有害物質を発生することもなく環境にやさしい自動車です。100ｋWくらいの出力が必要です。詳しくは5-12節を参照してください。

●業務用燃料電池

災害時の非常用電源などに用いられます（図5-4-3）。排熱も利用します。数kW～100kWの出力が必要です。25kWタイプで、発電効率は29～33％、排熱効率と合わせた総合効率は約80～85％です。主に病院で利用されています。

図5-4-3　業務用コージェネレーションシステム（LPガス協会）

●小規模分散発電（産業用）

大災害時等に地域に電力を供給する分散型発電装置です。100kw以上の大出力です。400kWも出力するものもあります（図5-4-4）。富士電機は熱まで含めた総合効率91％の燃料電池を開発しました。50kgのLPガスボンベで、70kWの電力を3時間発電することができます。

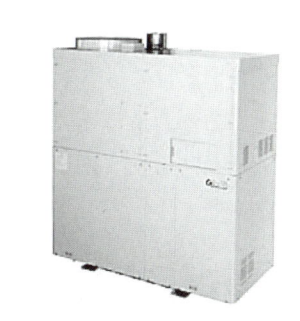

図5-4-4　400kW燃料電池システム（UTC Power）

●大規模発電

火力発電所を代替えする規模です。三菱重工は火力発電と組み合わせた複合発電システムを2017年を目処に実用化する計画です。

燃料電池のほかに、ガスタービン、蒸気タービンと3段階にわたって発電します。従来の火力発電の最高効率は60％でしたが、数十万kW級では70％以上、数万kW級では60％以上の発電効率が期待できます。LNGの使用量も従来に比べて30％減らすことができます。

5-5 燃料電池の特徴と分類

●燃料電池の長所と課題

　燃料電池の最大の長所は効率が高いことです（5-2節参照）。さらに燃料電池では発生した熱エネルギーを給湯などに利用することができます。この結果エネルギー効率は80％以上であり、火力発電に比べて2倍近くになります。

　また発電時に生成されるのは水だけで、環境を汚染したり、地球温暖化の原因となる物質をほとんど排出しません。回転部分がないので騒音を出さないという長所もあり携帯機器から火力発電代替用まで小型から大型のものまで対応可能です。

　一方で課題もあります。一番はコストで、購入価格、ランニングコストとも飛躍的な改善が必要です。

　また、発電と排熱を組み合わせるとエネルギー効率は優れていますが、発電だけに限れば格段に良いとはいえません。5-2節で述べましたが、実際の効率は理論効率に比べてかなり劣っており、原因究明が必要です。耐久性向上、安価な水素の確保、燃料電池自動車のインフラの整備など、本格普及までしばらく時間がかかりそうです。

●燃料電池の分類

・電解質による分類

　燃料電池は使用する電解質の種類によって分類することができます（表5-5-1）。現在最も、期待されているのは、固体高分子型燃料電池です。なお、本書ではダイレクトメタノール燃料電池は固体高分子型燃料電池の一種として扱います。

・燃料による分類

　主流の燃料は水素ですがさまざまな材料が検討されています（表5-5-2）。液化天然ガス（LNG）の主成分はメタンですが、ほかにもエタン、プロパン、ブタンなどが含まれています。都市ガスは液化天然ガスを気化した天然ガス、

表 5-5-1　主な燃料電池の比較

種類	アルカリ型	リン酸型	溶融炭酸塩型	固体酸化物型	固体高分子型	ダイレクトメタノール
略称	AFC	PAFC	MCFC	SOFC	PEFC	DMFC
実用化状況	一部実用化	実用化済	研究段階	開発中	実用化済	実用化済
温度による分類	低温型	低温型	高温型	高温型	低温型	低温型
動作温度	常温〜100℃	常温〜200℃	600〜700℃	700〜1000℃	常温〜100℃	常温
電解質	アルカリ水溶液	リン酸水溶液	溶融炭酸塩	安定化ジルコニア	陽イオン導電性高分子膜	陽イオン導電性高分子膜
燃料	水素（CO：10ppm以下）	水素（CO：1％以下）	水素、一酸化炭素	水素、一酸化炭素	水素（CO：10ppm以下）	メタノール
触媒	白金、ニッケル合金	白金	白金以外可	白金以外可	白金	白金
発電効率	45〜60％	40〜50％	45〜60％	50〜60％	40〜60％	≒20％
伝導イオン	OH^-	H^+	CO_3^{2-}	O^{2-}	H^+	H^+
用途	宇宙用、一部定置発電	定置発電	定置発電	定置発電、自動車、家庭電源	家庭電源、自動車	携帯機器、ポータブル電源
電力	数W〜100MW	1Kw〜数100kW	数100kW〜数MW	1kW〜数10MW	数W〜100kW	数W〜数100W

およびプロパンガスを混合したものです。プロパンガス（液化石油ガス）はプロパン、ブタンが主成分です。

・**動作温度による分類(高温型と低温型)**

　動作温度によって低温型と高温型に分類することができます（表5-5-1）。常温〜200℃を低温型、数100℃以上を高温型としています。常温での燃料電池の反応速度は非常に遅く、反応を促進するには触媒として白金が必要になります。しかし白金には高価なことと一酸化炭素が吸着しやすいという問題があります。

表 5-5-2　燃料電池に使用される燃料

燃料	理論起電力（V）
水素	1.23
アンモニア	1.17
ヒドラジン	1.62
メタノール	1.21
メタン	1.06
エタノール	1.18
エタン	1.09
プロパン	1.09
一酸化炭素	1.33
炭素（グラファイト）	1.02

5-6 アルカリ型燃料電池

●概要

電解液に水酸化ナトリウムなどのアルカリ水溶液を用いた燃料電池です。アルカリ型燃料電池は実用的な燃料電池の中では最も誕生が古く、1932年にケンブリッジ大のベーコンが始めて開発に成功しました。最初に開発されたときは電解質に希硫酸を用いていました。しかし希硫酸は他の物質と反応しやすいという問題があり、そこで考案されたのが電解液にアルカリ水溶液を用いる方法です。

一方固体高分子型燃料電池のほうが先に実用化され、1965年のジェミニ5号に搭載されました。しかし固体高分子型には寿命が短いという問題があり、1969年の人類初の月面着陸用アポロ11号にはアルカリ型燃料電池が搭載されました。直径21.6cmで最大出力2.3kWでした。

しかし、アルカリ型燃料電池用燃料には純粋の酸素と水素が必要で燃料コストが高く商用化は難しいとされ、研究も下火になりました。

ただ、米国のスペースシャトル用には現在もアルカリ型燃料電池が搭載されています。

●化学反応式

アルカリ型燃料電池の化学反応式は次のとおりです。

燃料極:$H_2 + O^{2-} \rightarrow H_2O + 2e^-$
空気極:$1/2O_2 + 2e^- \rightarrow O^{2-}$
全体 :$H_2 + 1/2O_2 \rightarrow H_2O$

酸素イオンは電解液の中では水酸化イオンOH^-となって移動します(図5-6-1)。

●特徴

アルカリ型燃料電池は動作温度が20〜150℃と常温付近で扱いやすいとう

長所があります。また、触媒に高価な白金ではなく比較的安価なニッケルや銀を使うことができ、低価格にできる可能性があります。また白金を用いたときには飛躍的に性能が向上します。一方で、燃料に二酸化炭素が含まれているとアルカリ水溶液が吸収してしまい炭酸塩が生成され電池の性能が劣化してしまいます。炭化水素、水蒸気によっても性能が劣化します。そのため燃料には純粋の酸素と水素が必要になり、ランニングコストがかかります。

図5-6-1　アルカリ型燃料電池の原理

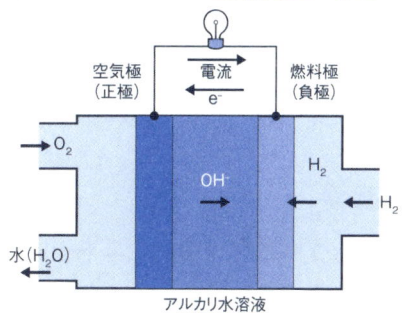

●新しい研究

アルカリ型燃料電池の研究開発はしばらく下火になっていましたが、近年固体高分子型燃料電池の研究が進むとともに、固体のアルカリ電解質膜の研究が盛んになってきました。水素以外の多様な燃料を使うこともできます。

2012年9月名古屋大学と産業技術総合研究所は、100℃以上で動作させることができる固体アルカリ電解質膜を開発しました。従来のアルカリ燃料電池は、電解液に水溶液を使用していたために動作温度が0℃から100℃に限られていましたが、高温動作により効率向上が期待されます。同グループでは触媒の非白金化技術にも取り組むとのことです。

また、東工大山口猛央教授のグループでは新構造の固体アルカリ導電膜の研究と、これを用いた全固体電池の開発を進めています（図5-6-2）。触媒は、カーボンナノチューブを用いた新規層構造の検討を行っています。

一方、海外ではイギリスのB9Coal社がAFCエナジー社のアルカリ燃料電池を用いた800MW発電所を設置する計画を進めています。燃料は石炭を液化して使います。発電コストは原子力よりも約20％安くなるとのことです。

図5-6-2　固体アルカリ導電膜の構造

5-7 リン酸型燃料電池

●概要

アルカリ型燃料電池の最大の問題は、アルカリ水溶液がCO_2と反応して炭酸塩が生じるということでした。この課題を解決するために再び酸性の電解液に目が向けられました。しかし硫酸を電解液とした電池では十分な性能が得ることができませんでした。そこで開発されたのがリン酸型燃料電池です。1980年に富士電機と関西電力により実証実験がはじまり、1998年から本格的な商品化が始まりました。原理を図5-7-1に示します。リン酸は硫酸に比べると腐食性が少ない物質です。しかし一方で動作温度は約200℃と、希硫酸の場合よりも高くなります。もっとも早く商用化されたので第一次燃料電池と呼ばれることがあります。

図 5-7-1　リン酸型燃料電池の原理

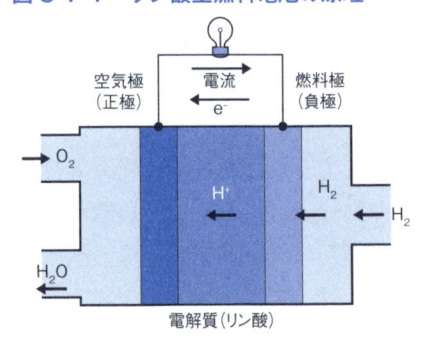

●化学反応式

リン酸型燃料電池の化学反応式は次のようになります

　　負極：$H_2 \rightarrow 2H^+ + 2e^-$
　　正極：$O_2 + 4H^+ + 4e^- \rightarrow 2H_2O$
　　全体：$2H_2 + O_2 \rightarrow 2H_2O$

電解質中を水素イオンが移動します。

図 5-7-2　リン酸型燃料電池の構造

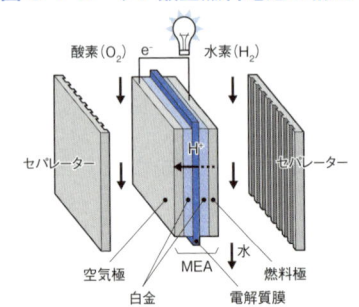

●構造

概略構造を図5-7-2に示します。電解質

であるリン酸水溶液を浸した電解質膜を燃料極および空気極電極ではさみます。酸性の電解質なので金属を電極に用いることはできず、カーボンが使われます。カーボンはガスを通しやすくするために多孔質でできています。

電極の表面には白金が塗られています。この電極—電解質—電極は燃料電池の心臓部でMEA（Membrane Electrode Assembly）と呼ばれます。厚さ3mmくらいに圧縮されています。

燃料極には水素が送り込まれ、酸素極には酸素が送り込まれます。これでセルが完成です。実際は高い電圧を得るためにこれらを直列に接続しますが、スタック状に重ね合わせます。他のセルとの境にセパレーターを介在させます。セパレーターの表面にはガスが均一に流れるように溝が設けられています。

リン酸型燃料電池の特徴のひとつに、負荷を少なくして出力を下げても効率をほぼ一定に保持できる点をあげることができます。そのために昼間はフルパワーで稼動しながら、夜間には出力を半分以下に抑えることが可能です。

●使用燃料

燃料には主に都市ガスが使われます。以前は一酸化炭素ガスが使われていましたが、現在は天然ガスに切り替わっています。主成分はメタンガスですが複数のガスが混ざっています。水素を取り出すために改質器が備わっています。さらに脱硫器で硫黄成分を除去します。また一酸化炭素が含まれていると白金に吸着し触媒作用を弱めてしまうので二酸化炭素に変換し、一酸化炭素濃度を1%以下にしています。固体高分子型燃料電池の一酸化炭素許容量が10ppmであるのと比べて値が高いのは、動作温度が、固体高分型子が70〜90℃に対して200℃と高く白金への負担が少ないためです。

●リン酸型燃料電池の使用例

下水処理場での使用例を図5-7-3に示します。汚泥から燃料のガスを取り出し、燃料電池に供給し発電します。燃料電池で生まれた熱は汚泥からガスを取り出すのに使われます。

図5-7-3 汚泥処理システム

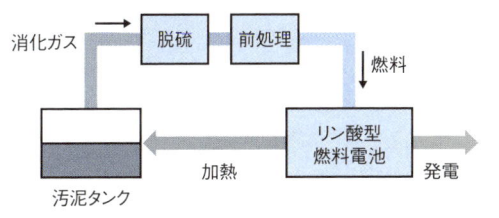

Column
リン酸型燃料電池トップメーカー～富士電機

　リン酸型燃料電池のトップメーカーは富士電機です。世界でもっとも先行しています。他の多くの燃料電池は導入期、あるいは研究・開発段階ですが、富士電機は1980年に実証実験を開始し、1998年から本格的に商品化し、豊富な実績を積み上げてきました。主力機種が100kWのFP100iです（図5-7-A）。病院、ホテル、下水処理場、防災用などで活躍しています。仕様を表5-7-Aにまとめます。

図5-7-A　100kWリン酸型燃料電池（富士電機）

表5-7-A　100kWリン酸型燃料電池仕様（富士電機）

項目	仕様
サイズ・重量	2.2m(D)×5.6m(W)×3.4m(H)、15t
燃料の種類	都市ガス 13A
定格出力	105kW(発電端)
熱出力	高温排熱回収タイプ：50kW（90℃（出）/80℃（入）） 中温排熱回収タイプ：123kW（60℃（出）/15℃（入））
効率	①発電端発電効率：42％ ②熱回収効率（高熱排熱回収タイプ）：20％ ③熱回収効率（中温排熱回収タイプ）：49％ ④総合効率（高温/中温）：62％/91％
燃料使用量	22m^3/h (Normal)

5-8 溶融炭酸塩型燃料電池

●概要

リン酸型燃料電池は低温で運転できるのですが、触媒として高価な白金が必要なため価格の低減に限界がありました。そこで高温で運転することによって白金触媒を不要にするための研究が行われ、生まれたのが溶融炭酸塩を用いた溶融炭酸塩型燃料電池です。溶融炭酸塩は常温では固体ですが、高温にすると溶けて液体となり、高いイオン導電率を示します。炭酸塩としてLi_2CO_3と、Na_2CO_3あるいはK_2CO_3の混合物が用いられています。

燃料としては水素のほかに一酸化炭素も用いることができます。そのために水素に限らず、天然ガス、石炭ガスなどを燃料とすることができます。

●化学反応式

溶融炭酸塩型燃料電池の燃料として水素と一酸化炭素の場合の化学反応式を示します。

負極：$H_2 + CO_3^{2-} \rightarrow H_2O + CO_2 + 2e^-$（水素の場合）
　　　$CO + CO_3^{2-} \rightarrow 2CO_2 + 2e^-$（一酸化炭素の場合）
正極：$1/2 O_2 + CO_2 + 2e^- \rightarrow CO_3^{2-}$
全体：$H_2 + 1/2 O_2 \rightarrow H_2O$（水素の場合）
　　　$CO + 1/2 O_2 \rightarrow CO_2$（一酸化炭素の場合）

以上の反応により炭酸イオンCO_3^{2-}が電解質の中を正極から負極に移動します。図5-8-1では燃料を水素としたときの溶融炭酸塩型燃料電池の原理を示しています。連続運転するには負極で生じたCO_2を正極に戻す必要があります。

図 5-8-1　溶融炭酸塩型燃料電池の原理

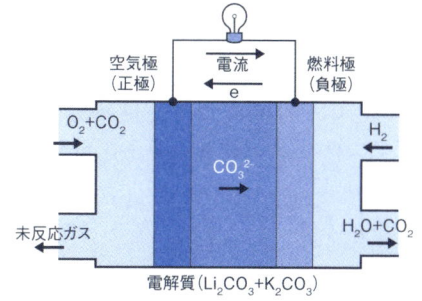

●構造

構造は図5-8-2のようになっています。電解質板はアルミン酸リチウム多孔質板で炭酸塩を保持しています。電極は負極、正極とも多孔質のニッケル基材です。正極のニッケルは高温になると酸化し酸化ニッケルとなりますが、触媒の作用もします。改質器を本体内部に設置することができ、全体としての装置を簡素化できます。

図 5-8-2　溶融炭酸塩型燃料電池の構造

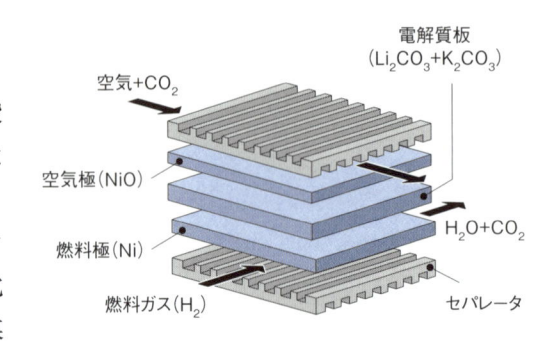

電解質板($Li_2CO_3+K_2CO_3$)
空気+CO_2
空気極(NiO)
燃料極(Ni)
燃料ガス(H_2)
H_2O+CO_2
セパレータ

運転温度は600〜700℃とかなり高温です。そのために排熱も高温となり有効に利用することができます。高温のため発電効率は44〜66％と高い値を得ることができます。

●用途

火力発電の代替など大規模発電に適したシステムです。分散型電源として期待されています。中部電力と石川島播磨重工業が共同で300kW級炭酸塩型燃料電池を開発しました（図5-8-3）。また石川島播磨重工業は2012年10月ボーイング社と共同で水素ガスを用いた燃料電池による飛行実験に世界で始めて成功したことを発表しました。離陸・上昇時に燃料電池から電力を供給し、巡航飛行時には航空機の電源で発電と充電を繰り返します。将来の航空機の補助電源として期待されます。

電力中央研究所では、燃料電池とガスタービンを組み合わせた方法を検討中です。試算では70％以上の効率が得られるとのことです。

図 5-8-3　300kW級炭酸塩型燃料電池（中部電力）

5-9 固体酸化物型燃料電池

●概要

リン酸型燃料電池や溶融炭酸塩型燃料電池では電解質は液体でした。そのために長期間使用し続けると電極などを腐食してしまいます。そこで次に生まれたのが固体電解質を用いる固体酸化物型燃料電池です。高温で酸素イオン導電性が大きくなる固体酸化物を用います。

イットリア安定化ジルコニア（YSZ）が使われます。ジルコニアとは、ジルコニウムの酸化物であり耐熱性セラミックスとして利用されています。イットリア安定化ジルコニアとは、ジルコニウムイオンの一部をイットリウムイオンで置き換えたものです。結晶の中に酸素イオンの空孔があり、この空孔を順次埋めながら酸素イオンが移動します。

燃料には炭酸塩型燃料電池と同様、天然ガスの改質ガスを使うことができ、水素のほかに一酸化炭素も燃料となります。

運転温度は700〜1000℃と非常に高温です。

●化学反応式

水素と一酸化炭素を燃料としたときの化学反応式を示します。

負極：$H_2 + O^{2-} \rightarrow H_2O + 2e^-$（水素の場合）

$CO + O^{2-} \rightarrow CO_2 + 2e^-$（一酸化炭素の場合）

正極：$1/2 O_2 + 2e^- \rightarrow O_2^{2-}$

全体：$H_2 + 1/2 O_2 \rightarrow H_2O$（水素の場合）

$CO + 1/2 O_2 \rightarrow CO_2$（一酸化炭素の場合）

酸素イオンが電解質の中を正極から負極に移動します（図5-9-1）。

図 5-9-1　固体酸化物型燃料電池の原理

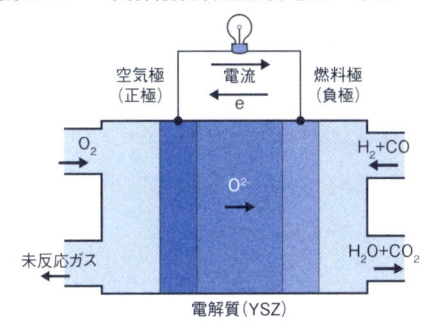

●構造

電解質を始めすべて固体でできているのでいろいろな形をとることができます。円筒型と平板型が一般的です。平板型の構造を図5-9-2に示します。負極には多孔質のニッケルと電解質材料と同じセラミックの複合材料、正極には多孔質の電子導電性酸化物が用いられます。

図 5-9-2　固体酸化物型燃料電池の構造

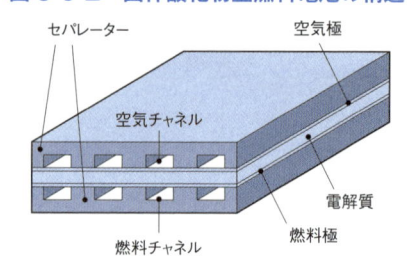

●特徴

固体酸化物型燃料電池は高温運転のため40〜50％と効率が高く、また高温の排熱が得られます。内部改質ができるので都市ガスが利用でき、白金を必要としないといった長所があります。

しかしその一方で、高温運転のため部品はほとんどセラミックに限られてしまうので、高価になってしまう、起動時間が長い、温度差が大きなヒートサイクルになるので材料劣化をもたらすなどといった欠点もあります。また、イオン電導度を上げるには電解質板を薄くすることが効果的ですが、亀裂や破壊の恐れがありあまり薄くすることができません。

三菱重工は固体酸化物燃料電池を用いた複合発電システムを開発中で、排熱をガスタービン発電に利用することで、総合効率70％を目指しています。なお、動作温度を下げることを目的とした研究・開発が積極的に進められています。現在800〜1000℃ですが、2015年には650〜850℃、2020年には500〜800℃位まで下げることが目標となっています。

●小型化への取り組み

固体酸化物型燃料電池の用途は大型発電設備に限られていましたが、産総研では家庭用、モバイル、自動車の補助電源など小型電源への適用の研究を進めています。そのためには動作温度を下げて、急速起動・急速停止を可能とすること、機器を小型化することが必要です。産総研ではセルの研究、セ

ルを集めたモジュールの研究、モジュールを組み込んだ発電装置システムの研究を行ってきました。これらの研究概要について説明します。

①セルの研究

動作温度を低くするために図5-9-3のセルを開発しました。セラミックス製のチューブ形になっています。燃料極電極材料にはニッケル－セリア系セラミックス、空気極電極材料にはランタンコバルト－セリア系セラミックス、電解質材料にセリア系セラミックスを用いています。内側にはセリア触媒層が設けられています。450〜550℃で動作することが可能となりました。またすべてセラミック製なので非常に安定で急激な温度サイクルに耐えることができます。

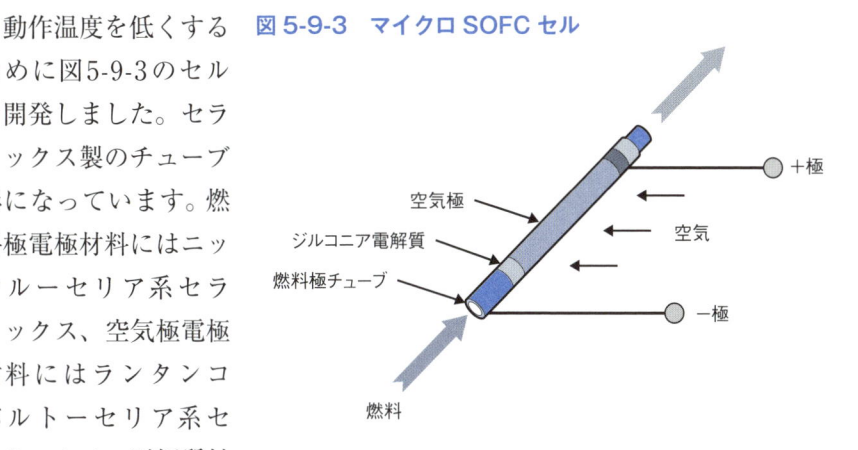

図 5-9-3　マイクロ SOFC セル

②モジュールの構成

セルをまとめてモジュールとします。図5-9-4では１ｃm角に0.8mm系のチューブが25本まとめられています。

図 5-9-4　SOFC モジュール

③ハンディ型燃料電池システム

以上の技術を用いて市販のカセットボンベで発電できる装置を開発しました。2分以内に400℃に達しUSB機器などを動かすことができます。ボンベ1本で24時間連続運転が可能です。

5-10 固体高分子型燃料電池

●概要

電解質に、水素イオン導電性を持つ固体ポリマー（高分子）を用いた燃料電池です。燃料には水素やメタノールが使われます。薄型化、低温（80〜100℃）動作が可能です。

1965年にGEによって開発され、人工衛星ジェミニ5号に搭載されたのが最初です。しかし高価な白金を使用すること、電解質交換膜も高価なために、研究・開発は一時下火になりました。1980年代後半から白金の使用量を抑える技術が開発され、再び注目されるようになりました。カナダのバラード・パワー・システムズは1993年に固体高分子型燃料電池搭載のバスを試作し、これをきっかけに多くの自動車メーカーが燃料電池の開発に乗り出しました。この技術はさらに定置型の分散電源用途にも展開されていきました。

●化学反応式

固体高分子型燃料電池の化学反応式を示します。

負極：$H_2 \rightarrow 2H^+ + 2e^-$
正極：$1/2O_2 + 2H^+ + 2e^- \rightarrow 2H_2O$
全体：$H_2 + 1/2O_2 \rightarrow 2H_2O$

水素イオンが負極から正極へ電解質の中を移動します（図5-10-1）。室温での理論電圧は1.23Vですが、電極反応の損失などによる内部抵抗のために0.7Vくらいになってしまいます。

図5-10-1　固体高分子型燃料電池の原理

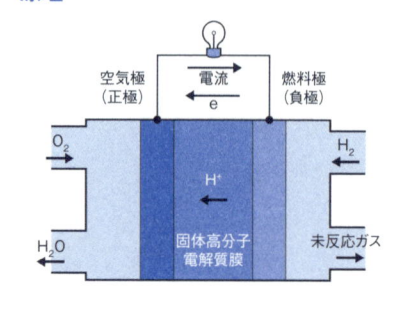

●構造

電解質である固体高分子膜を負極と正極ではさみ一体化します（図5-10-2）。

これが単セルの基本単位となり、MEA（膜・電極接合体：Membrane Electrode Assembly）を形成します。固体高分子膜には有機フッ素化合物の一種であるパーフルオロスルホン酸が用いられます。30〜50μm程度の膜厚です。パーフルオロスルホン酸は水素イオン伝導性を持つためには水分が必要です。そのために0℃以下、100℃以上では使うことができません。非常に薄いため内部抵抗が少なく出力密度が高く、小型・軽量にできます。

図5-10-2　固体高分子型燃料電池の構造

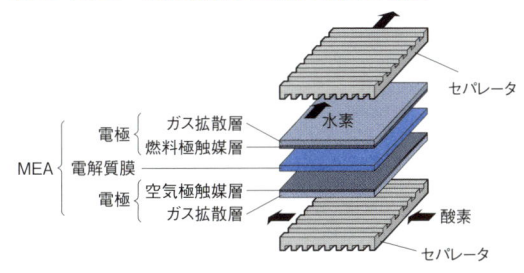

電極はカーボンブラックでできており、表面に触媒としての白金あるいは白金-ルテニウム合金が10μmくらいの厚さで塗ってあります。単セルの電圧は約0.7Vですので、数10〜数100層積み重ねて大きな電圧を得ます。単セルどうしの間はセパレーターで区切ります。セパレーターは溝が形成され、水素や酸素のガスが均一に流れるようになっています。

● **特徴**

固体高分子型燃料電池は80〜90℃の低温動作なので起動や停止が速く、固体電解質なので液漏れがなく、小型・軽量で高出力密度という長所があります。その一方で、高価な白金を使用する必要があり、10ppm以上の一酸化炭素を含んでいると白金に吸着し電池を劣化させます。また、水素イオンの移動に水分が必要なので電池の水分管理をしなくてはならず、さらには燃料の改質装置も必要といった欠点もあります。

エネルギー効率は廃熱を利用すると80％と高いものの、排熱を利用しない場合は30数％と火力発電所の40％よりも悪い値になります。

用途としては、燃料電池自動車、小型コージェネレーションシステム、携帯機器などが考えられています。本格的な普及のためには、白金に代わる新たな触媒の開発などによる低コスト化が必要です。また、耐久性については、現在研究レベルで4万時間程度を確保していますが、本格普及のためには9万時間が必要です。

●ダイレクトメタノール燃料電池（DMFC）

ダイレクトメタノール燃料電池は、電解質膜に固体高分子を用いる点では固体高分子型燃料電池の一種ですが、燃料は水素の代わりにメタノールを使用します。化学反応式は次のようになります。

負極：$CH_3OH + H_2O \rightarrow CO_2 + 6H^+ + 6e^-$

正極：$4H^+ + O_2 + 4e^- \rightarrow 2H_2O$

全体：$CH_3OH + 3/2・O_2 \rightarrow CO_2 + 2H_2O$

水素イオンが電解膜中を移動し、二酸化炭素と水を発生します。

2008年～2009年ごろ各社で開発が行われ、2009年に東芝が製品化しました（図5-10-3）。エタノールを14ml注入することによって、携帯電話を2回充電できました。しかしエタノールが電解質膜を透過（クロスオーバー）することにより、燃料の損失、電圧の低下が生じ、またエタノールの反応力が弱いなどの問題があり、十分な性能が得られず研究開発が下火になりました。しかし、その間も地道な研究が続けられ以下の成果が上がっています。

図5-10-3　燃料電池とカートリッジ

・日立の研究

　ダイレクトエタノール燃料電池は白金触媒を用いており、コストがかかる最大の要因でした。2012年10月、日立は空気極に窒素ドープカーボン触媒を、燃料極にパラジウム-ルテニウム合金触媒を適用した電極を開発したと発表しました。その結果、約45％価格を下げられるとのことです。

・群馬大の研究

　中川紳好教授らのグループはエタノール（CH_2O_2）の代わりにギ酸（CH_4O）を用いた研究を行っています。ダイレクトエタノール燃料電池と同じ高エネルギー密度を確保しながら、高出力を得ることができます。

●水素燃料の携帯型固体高分子型燃料電池

アクアフェアリー社は、2012年10月スマホ充電用燃料電池を発表しまし

た（図5-10-4）。エタノールではなく水素を燃料とする固体高分子型燃料電池です。従来の水素燃料固体高分子型燃料電池の動作温度は80〜90℃ですが、室温で動作します。本体と燃料カートリッジから構成されます。カートリッジの中に38mm×38mm×2mmの水素化カルシウムシートと水が内蔵されています。水を加えることにより次の反応式で水素を発生します。

図5-10-4　ポータブル燃料電池本体（左）と水素カートリッジ（右）（アクアフェアリー）

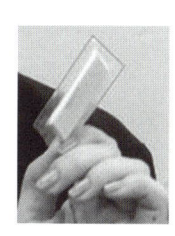

$$CaH_2 + 2H_2O \rightarrow Ca(OH)_2 + 2H_2$$

白金に吸着する一酸化炭素は発生しません。シート1枚で5Whの電力量を取り出すことができ、iPhone1台をほぼフル充電することができます。水素化カルシウムの形状を「つぶつぶ」加工とし、また表面を薄い樹脂膜でくるむことによって、低温ですぐに反応が起こり、高温では熱暴走を抑えることができます。固体高分子膜は射出成型で製作することにより非常に薄くし、十分なイオン電導度を得ています（図5-10-5）。4枚内蔵されています。

図5-10-5　燃料電池セル（アクアフェアリー）

アクアフェアリー社は同時にアウトドアや災害時の緊急利用を想定した携帯型発電機も発表しました（図5-10-6）。燃料電池の本体は約6kgと軽量で、サイズは32cm×33cm×16cmで、200Wの高出力が得られます。1個のカートリッジで200Whの電力量が得られます。

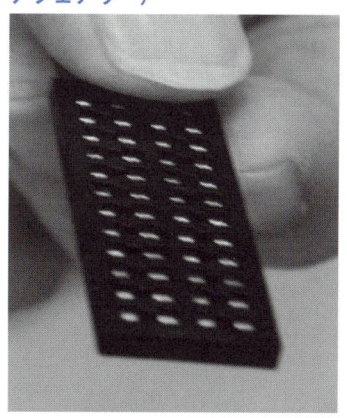

図5-10-6　携帯用燃料電池

5・燃料電池

5-11 エネファーム

　家庭用の燃料電池を用いたコージェネレーションシステムとしてエネファームが発売されています。燃料電池の発電効率は35～65％ですが、排熱を利用することで総合効率は80～90％に達します。

●エネファームのしくみ

　エネファームは燃料電池ユニットと貯湯ユニットから構成されます（図5-11-1）。燃料には都市ガス、LPガス、灯油などが使われます。燃料電池ユニットの中に改質装置があり、燃料から水素を取り出します。燃料電池スタックで、水素と外部からの酸素を取り込んで発電します。発生する電気は直流なのでインバータによって交流に変換します。排熱は、貯湯ユニット内の水を温めるために使われます。

　発電出力は700～1000W程度、排熱出力は1000～1300W程度です。一般的な家庭のすべての電力をまかなうには不十分で、電力会社からの電力と併用することになります。燃料電池は主に固体高分子型が

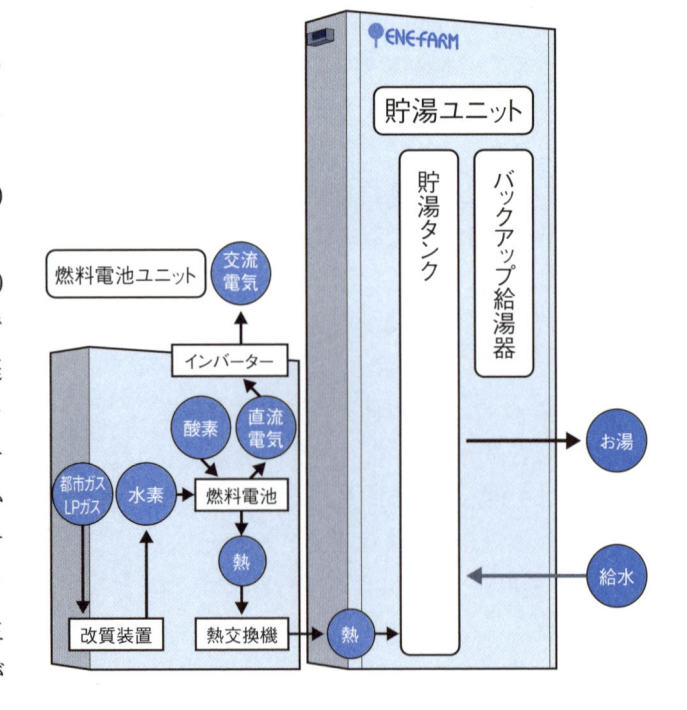

図5-11-1　エネファームのしくみ（燃料電池普及協会）

使われますが、固体酸化物型も一部採用されています。固体酸化物型は動作温度が高くなりますが、発電効率は10%ほど優ります。

●国内のエネファーム

・JX日鉱日石エネルギーのエネファーム

2011年10月JX日鉱日石エネルギーが希望小売価格270万円、定格出力700Wの固体酸化物型燃料電池のエネファームを発売開始しました。発電効率は45%で一般的に用いられている固体高分子型に比べて約10%上回っています。

・パナソニック・大阪ガスのエネファーム

2013年4月パナソニックと大阪ガスは販売価格約200万円と従来より格段に安価なエネファームを発売しました。固体高分子型の燃料電池を用いており、発電効率39%、排熱効率56%で総合効率95%です。一般的な4人家族の場合、年間で約6万円光熱費を削減することができます。

●エネファーム市場推移

現在のところ規模はまだまだ少ないものの順調に推移しています。業界では2030年までに累計250万台の普及を目指しています。

普及のための最大の課題は価格の低減です。年間光熱費の削減が6万円、耐用年数が10年ですので、価格が60万円以下となってはじめて採算が取れることになります。現状は最安製品で約200万円、これに政府補助金45万円を差し引いてもかなり高価です。

政府のロードマップでは2020〜2030年ごろにシステム価格40万円を目標としています。しかも実際はこれ以上に低価格化が進んでいます。既に米国の産業用では40〜60万円/kWの価格で普及が始まっています。カナダの老舗バラード・パワー・システムズでは業務用ですが、日本のエネファームに比べて出力が3倍、価格は1/3以下という燃料電池を製品化しました。JX日鉱日石エネルギーも2015年には50万円で発売する意欲を見せています。米国のブルームエナジーは2017年に家庭用として20万円台の商品化を目指しています。

5-12 燃料電池自動車

●概要

　1994年にダイムラー・ベンツ社が燃料電池自動車を試作し、これをきっかけに世界各国の自動車メーカーが参入しました。2002年にはトヨタ、ホンダがリース販売を始めるなど開発競争がピークに達しましたが、その後商品化の動きは減速しました。しかし各社とも2015〜2016年にかけての製品化を目指して開発を続けています。

●特徴

　最大の特徴はエネルギー効率が優れていることです。ガソリン車のエネルギー効率が10%程度であるのに対して燃料電池車のエネルギー効率は30%程度位になります。二番目の特徴は大気汚染の原因となる二酸化炭素や窒素酸化物をあまり排出しないことです。さらに静音という特徴もあります。

●燃料電池自動車のしくみ

　図5-12-1はトヨタの燃料電池自動車の構造です。前部下部に燃料電池が設置されています。燃料電池は固体高分子型です。水素燃料は高圧水素タンクから供給されます。タンクは170Lで、ざっとガソリンタンクの倍の大きさです。700気圧に圧縮して貯蔵します。後部下部にはリチウムイオン二次電池が置かれています。発進や加速のときなど燃料電池だけでは出力が不足するときに補助をします。また減速時のエネルギーを回生する働きもします。

●水素の供給

　各地に水素ステーションを設置することが大きな課題になります。水素は5-3節で述べた方法で化石燃料から取り出します。ホンダでは太陽電池の発電で水を電気分解して水素を取り出すことを検討しています。環境にやさしく、しかも純度のよい水素を得ることができます。ただ実現までにはしばら

図 5-12-1　燃料電池自動車のしくみ（トヨタ HP 参照）

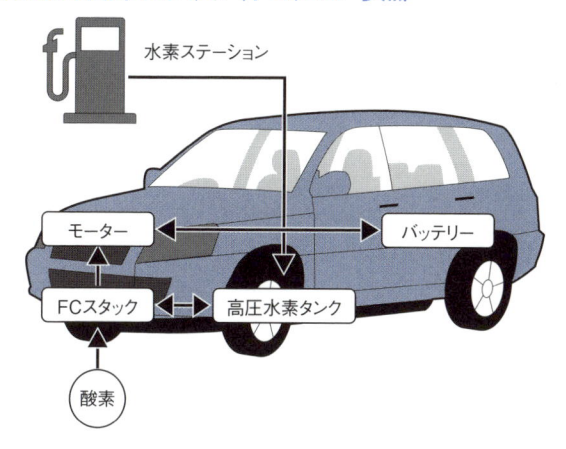

く時間がかかるでしょう。

●走行距離と燃費

　2009年11月トヨタ、日産、ホンダの3台が東京〜福岡間の走行実証を行いました。途中で一度補給を行い3台とも完走しました。6kgのタンクで714km走行できました。燃費は約120km/kgです。がリン車の走行距離を15km/l、ガソリン価格を150円/lとすると、燃費は10円/kmとなります。したがって、水素の価格が1200円/kgであればガソリン車と燃料費は同じということになります。しかしハイブリッド車と競合するには、600円/kg、深夜電力利用の電気自動車と競合するには120円/kgが必要です。

●商品化への道

　商品化の最大の課題は価格です。2007年には1台1億円といわれていましたが、現在は1000万円程度に達しているとのことです。2015年までを技術実証、2016年以降を普及期と位置づけています。業界各社はこれに対応する形で、2015〜2017年に燃料電池自動車を販売する計画を立てています。トヨタは2015年に500万円で、ホンダ、日産も2016〜2017年の商品化を目指しています。日産は従来から固体高分子型と平行して固体酸化物型の研究も進めています。固体酸化物型はエネルギー効率が優れているという特徴があります。

5-13 バイオ燃料電池

●バイオ電池の仕組み

微生物は酸化および還元反応の触媒の働きをする酵素を持っています。この酵素を用いて燃料電池を形成します。図5-13-1にバイオ電池の構成を示します。負極側燃料にはブドウ糖などの糖分を用います。正極の燃料は空気中の酸素を取り込みます。負極表面には負極酵素、正極表面には正極酵素を塗ります。負極ではブドウ糖が酸化しグルコノラクトンと電子が発生します。正極では還元反応が起こり、水が発生します。

図5-13-1 バイオ燃料電池

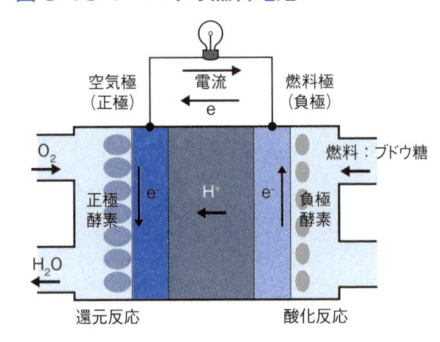

●特徴

高価な白金を用いないので低価格で実現できる、常温で発電する、燃料、触媒は生命体から得られるので環境を汚すことがないという特徴があります。一方で動作が不安定、出力が弱いという問題があります。

●研究例

ソニーでは2010年に出力10mW/cm^2、0.5Vの電池の試作に成功しています。2011年11月フランスのフーリエ大学の研究チームは体内で機能するバイオ燃料電池を開発しました。ラットの体内で40日間動作しました。原理的には無限に機能し続けるので、ペースメーカー、腎臓や膀胱括約筋などの電動臓器の電源として期待されます。さらに電動の手、指、目なども開発されているので、体内で使える電池には大きな期待がかかります。

第6章

太陽電池

クリーンで再生可能なエネルギーとして現在もっとも注目されている電池です。従来は単結晶シリコンや多結晶シリコンなどの結晶系シリコンが主流を占めていましたが、化合物系も増えつつあります。劇的にコストを下げることができる電池として有機系の開発も進んでいます。また量子ドット系は格段に大きな変換効率が得られる電池として将来が期待されています。

6-1 太陽電池の特徴と歴史

●太陽電池の特徴

2011年3月の福島原発の事故以来、化石燃料を使わない安全でクリーンな再生可能エネルギーへの期待が高まりました。とりわけ太陽電池は小規模でも効率が低下せず、メンテナンスも容易なので、分散型発電に好適で災害が発生しても被害を狭い範囲に閉じ込めることができます。また電力需要が高い日中に発電するので電力を有効に活用できます

一方、設備費用が高価なため、他の発電方式と比べると発電コストが割高であること、太陽の出ていない夜間には発電できず、朝夕や天候の悪い日の発電能力が著しく劣化すること、さらに面積あたりの発電電力量が低いという欠点が挙げられます。しかし太陽電池の進歩はめざましく、2020～2025年には他の発電方式のコスト（約7円/kWh）と並ぶレベルになると予測されています。

また発電ムラの対策としては、将来的には蓄電池との併用が必要になるでしょう。蓄電池の進歩も著しく、2020年頃には、太陽電池の発電コストと蓄電池の蓄電コストを足した費用が、現在の電力料金（23円/kWh）と並ぶレベルになると思われます。

●太陽電池の発電量能力

日中太陽から受けるエネルギーは、$1m^2$あたり約1000Wです。このうち電気エネルギーに変換できる割合を変換効率といいます。現在商用化されている最高効率の太陽電池は約20%です。したがって、$1m^2$のパネルから200Wの電力を取り出すことができます。5WのLEDであれば40個を点灯できることになります（図6-1-1）。

図6-1-1　太陽電池の発電能力

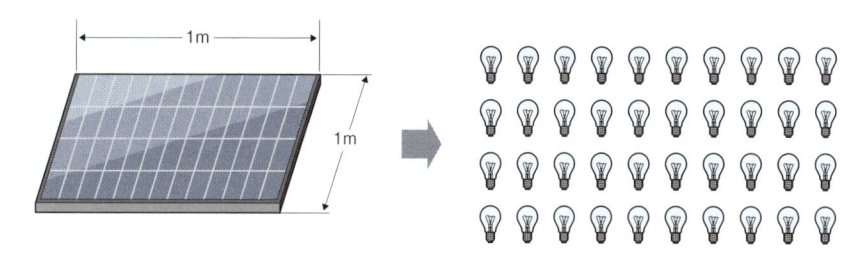

40個のLEDを点灯

●太陽電池の歴史

・1950～1960年代

　世界最初のシリコン太陽電池（単結晶シリコン）は1954年にベル研究所のゲラルド・ピアーソンらによって開発されました。変換効率は6%で、通信用、宇宙用が主な用途でした。日本では1955年に日本電気、シャープなどが開発をスタートし、1960年代には量産を開始しました。

・1970年代

　アモルファスシリコン太陽電池、化合物半導体太陽電池（CIS）といった薄膜型太陽電池が生まれ活発な研究が行われました。

・1980年代～1990年代

　市場が育つに従い新規参入企業が増えてきました。現在世界第2位のファーストソーラー社の前身グラステクソーラーも化合物半導体技術（CdTe）を武器に参入しました。量子ドット太陽電池、有機薄膜太陽電池、色素増感型太陽電池など新しい仕組みの太陽電池が次々と生まれたのも、この時期です。

・2000年代

　市場が急拡大しつつある年代です。2000年代後半には中国に相次いで新しいメーカーが誕生し市場を席巻していきます。

6-2 世界の太陽電池市場

　世界の生産量は2008年以降急激に増大しています。中国の新興メーカーが生産拡大に大きな寄与をしました。富士経済では2030年における出力ベースは2012年に比べて3.2倍、金額では1.5倍になると予測しています。

●国別市場規模

　図6-2-1は国ごとの市場規模を示しています。ドイツ、イタリヤが群を抜いています。また中国、アメリカが急成長しています。原発大国のフランスも2010年に比べて2011年は非常に積極的に太陽電池を導入したことがわかります。長い間日本は首位を占めていましたが、2005年に脱原発を進め再生可能エネルギーの普及に舵をきったドイツに抜かれました。累積導入量についてもこのままでは中国、アメリカにも追い抜かれそうな勢いです。

●メーカーシェア

　2011年の太陽電池のメーカーシェアランキングを表6-2-1に示します。

図6-2-1　市場規模の国別内訳（NPD Solarbuzz 2012）

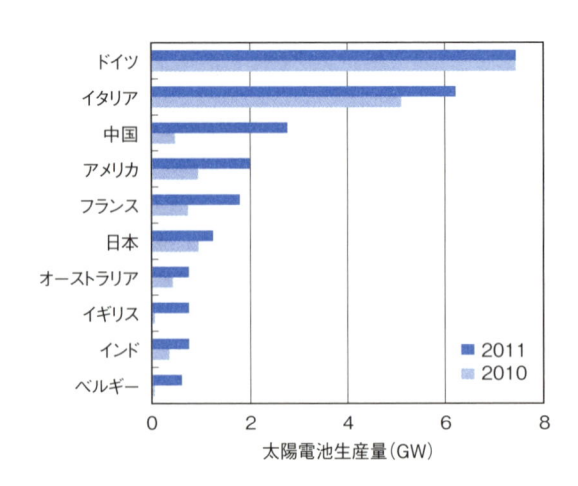

シャープは2006年までトップを占めていましたが、2007年にドイツのＱセルズに追い越されてしまい、それ以降次第に順位を下げ、2011年にはトップ5にも入れなくなりました。

一方で中国企業の伸張は目覚しく、2011年のトップ11社のうち7社が中国企業です。これらの中には2008年以降に創設された会社も多くあります。2011年にはアメリカの3社が中国製との競争に勝てず倒産してしまいました。2007年に首位を奪い、翌2008年も首位を維持したＱセルズはその後中国メーカーとの価格競争に勝てず、2012年4月には倒産に追いやられ、8月には韓国のハンファグループに買収されてしまいました。

現在首位のサンテックパワーは2001年設立の新しい会社ですが、2008年には従業員8000人までに急成長しました。日本ではサンテックパワージャパンが製造販売を行っています。しかし2012年になると過当競争のため業績が悪化し、2013年3月には転換社債の債務不履行を起こしてしまいました。ファーストソーラーはCdTeを主力としており、単結晶シリコンパネルの半分以下の価格で供給しています。2012年にはインリー社がトップとなる見通しです。なお、ランキングには韓国企業の姿が見えませんが、Ｑセルズやアメリカの企業を買収していますので、まもなく市場に出現することでしょう。

表6-2-1 2011年太陽電池メーカー別シェア

	会社名	国	シェア（％）
1位	サンテックパワー	中国	5.8
2位	ファーストソーラー	米	5.7
3位	インリー	中国	4.8
4位	トリナソーラー	中国	4.3
5位	カナディアンソーラー	カナダ	4
6位	シャープ	日本	2.8
6位	サンパワー	米	2.8

6-3 国内の太陽電池市場

●国内の太陽電池導入推移

　石油資源の枯渇問題、環境汚染の問題に対処するため、政府は1993年にニューサンシャイン計画を立て太陽発電の普及に力を注ぐようになりました。

　その一環として、補助金制度を導入し、1994年には1/2、1997年には2/3の補助金が出るようになりました。1997年の1kWあたりのシステム価格が約100万円ですから、一般世帯の標準的電力の3kWを設置するには300万円となります。2/3の補助金を利用することによって100万円で購入できるようになりました。その結果1990年代の後半には、日本の太陽電池生産量はアメリカを追い抜き世界一となりました。2005年には、世界の太陽電池メーカーの上位5社のうち4社を日本メーカーが占め世界を席巻しました。

　しかし、2000年には1kWあたり15万円の定額制の補助金に改定され、さらに次第に減額され、2005年にはついに廃止となりました。それにともなって導入量も減少し、日本の太陽電池市場は失速してしまいました。一方でドイツは固定価格買取制を導入した1990年以降急速に普及が進み、2005年には日本とドイツが逆転しました。

　この状況を打開するために、2009年度から補助金制度が復活し、2011年3月の東日

図 6-3-1　太陽電池導入推移 (太陽光発電協会)

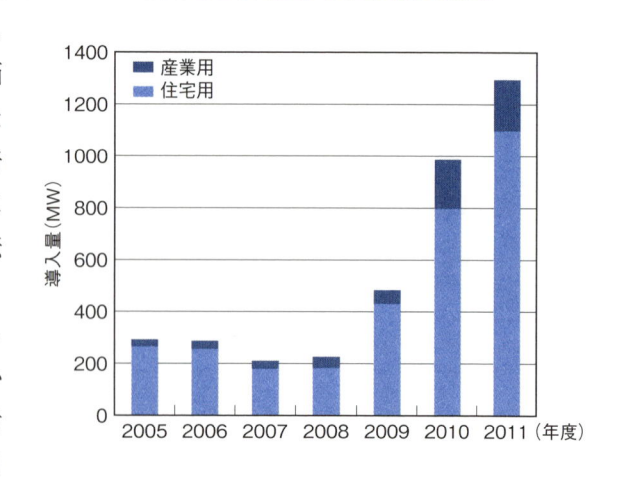

本大震災、さらに2012年7月からの固定価格買取り制度などを契機にして太陽電池市場は再び大きな勢いで伸びつつあり、2012年7月に累計設置世帯は100万を超えました。システム価格も2011年以降は年率10％以上で低下しています。

●価格推移と今後の見通し

1993年以降の太陽光発電のシステム価格推移を図6-3-2に示します。順調に価格が下がっています。今後の見通しについてはNEDO（新エネルギー・産業技術総合開発機構）がまとめています。NEDOは、2004年に「2030年に向けた太陽光発電ロードマップ（PV2030）」を策定しましたが、その後、市場が大きく変化したため2009年6月に上記ロードマップを見直し、「太陽光発電ロードマップ（PV2030+）」として改定しました。

この計画は、目標価格を既存の電力料金やコストと対比したグリッドパリティという概念で設定しています。以下の3段階を設定しています。

第一段階（2010年）…23円/kWh（現在の平均的家庭用料金）
第二段階（2020年）…14円/kWh（現在の業務用料金）
第三段階（2030年）…7円/kWh（現在の火力発電のコスト）

これらの目標を達成するには、1kWあたりのシステム価格を第一段階では46万円、第二段階では28万円、第三段階では14万円にする必要があります。現在のシステム価格は35～40万円ですから、第一段階と第二段階の中間に位置しています。

図6-3-2　太陽光発電システム価格推移 (http://www.qool-shop.com/)

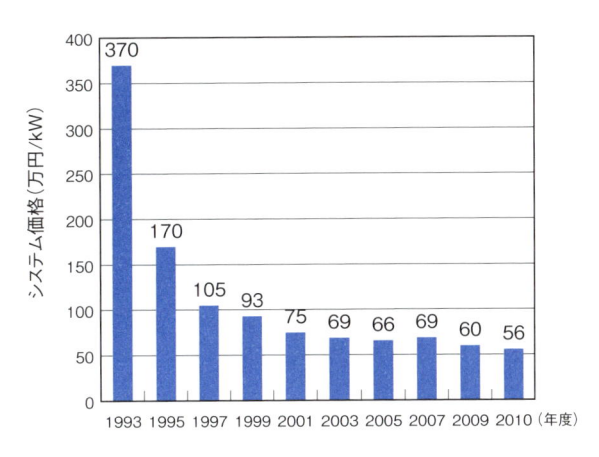

6-4 太陽光発電システム

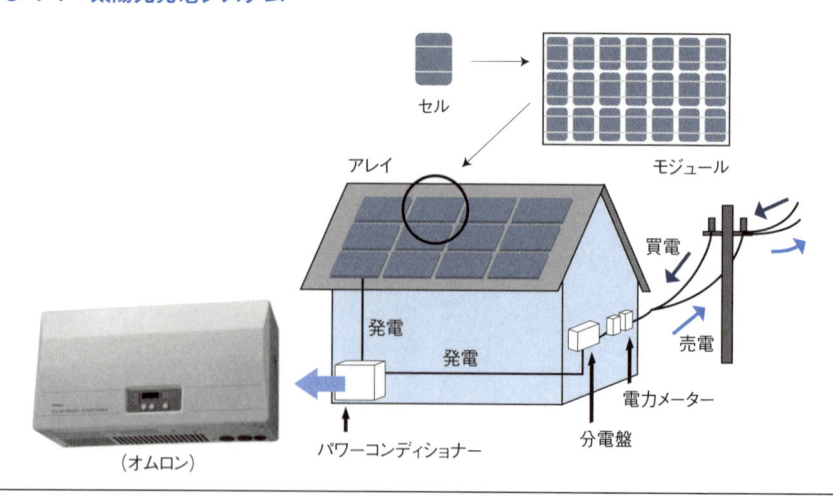

●太陽光発電システムの構成

太陽光発電システムは太陽電池のほかにパワーコンディショナー、電力メーター、工事費などから構成されます（図6-4-1）。システム価格の2/3近くがパネルです。なお、余った電気は電力会社に売ることができます。

・セル、パネル、アレイ

太陽電池の機能を持つ最小単位をセルといいます。一辺10cmくらいです。セルを並べて一辺が40cm～150cmのパネルを形成します[※注]。長方形がほとんどですが三角形のものもあります。屋根の上には15～20枚のパネルを並べて設置します。これをアレイといいます。

・パワーコンディショナー

パワーコンディショナーは太陽電池からの直流電気を交流に変換する役目をします。寿命は約10年です。カナディアンソーラーではパワーコンディショ

図6-4-1 太陽光発電システム

※注：モジュールともいいます。

ナー内蔵のパネルを発表しています。設置が簡便になり、設置コストを大幅に軽減することができます。

・電力メーター

電力メーターは買電用と売電用の2つを設置することになります。

●太陽光発電を利用したビジネスモデル

・売電事業

固定価格買取制度を利用して発電した電気を電力会社に売るビジネスです。

・屋根貸し事業（図6-4-2）

事業者は20年契約で学校、工場、ビルなどの屋根や空き地を借りて発電システムを据付け、日常のメンテナンスを行います。発電した電気を電力会社に売り収入を得ます。20年後には発電システムは貸主に譲渡されます。8年くらいで投資額を回収することができます。

図6-4-2　屋根貸し事業の仕組み

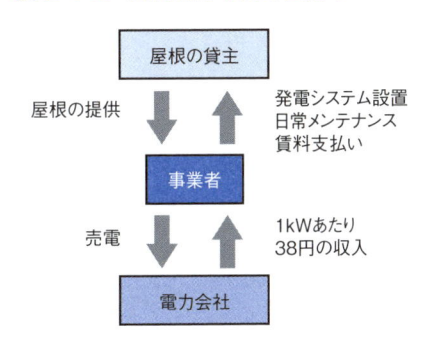

・太陽光発電のシステムインテグレーター（図6-4-3）

従来の太陽光発電システムの流通は太陽電池メーカーが主導していましたが、発電システムをまとめるシステムインテグレーターが登場してきました。千葉県のスマートプラス社は海外メーカーからパネルを一括して安く購入し、傘下に多くの工務店と契約し設置工事の徹底した教育を行い、設置工事のコストを下げています。その結果10kWシステムを290万円という低価格で提供しています。

図6-4-3　太陽光発電のシステムインテグレーターのしくみ

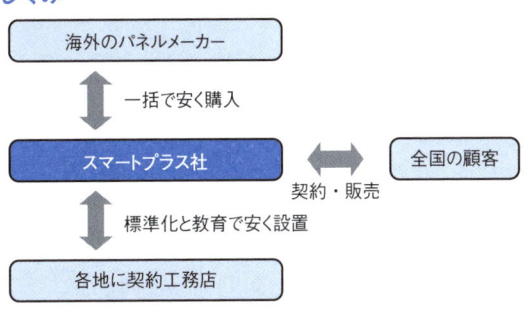

6-5 設置条件と発電量

●太陽光によるエネルギー量

日射量は、1m^{2}あたり1秒間に太陽から受けるエネルギー量で評価します。単位はkW/m^{2}です。パネル面の角度、日時、場所によって異なります。東京で、真南向き、方位角30度の場合、年間平均の一日あたりの全日射量は、0.73kWh/m^2/日です。日射量は太陽から直接地上に到達する直達光と雲などで散乱される散乱光の合計です。

●設置条件と発電量

発電量は設置地域、季節、天候などの設置条件などによって異なります。

・地域による違い

1kWの発電システムでの年間発電量は約1000kWhですが、地域によって少し変動します。主な都市での年間発電量を表6-5-1に示します。一般的に南に位置するほど年間発電量は多くなります。

・季節

季節によって発電量は異なります。6月、7月は日照時間は長いのですが梅雨の影響を受けてしまいます。5月あるいは8月が最も発電量が多くなります。8月は気温が高くパネルの温度特性のため変換効率が落ちることがあり、5月と同じくらいになります。最も発電量が少なくなるのは11月、12月で、ピーク月

表6-5-1 各都市での年間発電量

都市名	1kWシステムあたり年間発電量(kWh)
仙台	1056
東京	1029
長野	1067
名古屋	1112
大阪	1080
広島	1150
福岡	1032

の70%位の発電量になります。

図6-5-1　傾斜角と発電量

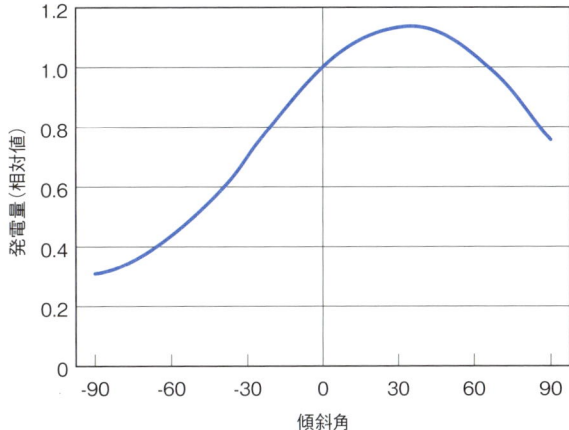

・**天候**

晴天の日は約70％が直達日射量で約30％が散乱光です。厚い雲で覆われた曇天日や、雨の日は直達光はほとんどありませんが散乱光のために、晴天の日に比べて曇りの日で40〜60％、雨の日で12〜20％発電します。

・**傾斜角**

太陽電池の水平面との傾き角を傾斜角といいます。南向きに設置したときの傾斜角と発電量の関係を図6-5-1に示します。マイナスは北向きを示しています。太陽光に垂直になるように設置する（緯度に設定する）のが最適なように思われますが、散乱光のために実際の最適値は約30度になります。

・**方位角**

方位角による発電効率の違いを図6-5-2に示します。東あるいは西方向でも真南に比べて83％の発電量を得ることができます。

図6-5-2　方位角と発電量（傾斜角は30度）

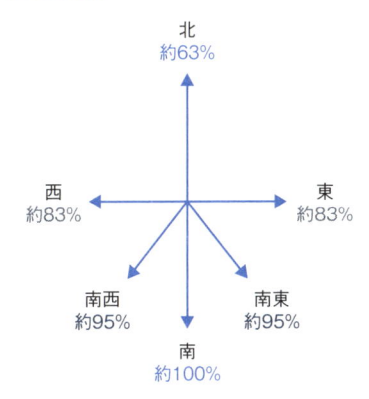

北　約63%
西　約83%
東　約83%
南西　約95%
南東　約95%
南　約100%

● **採算性と収支**

業務用メガソーラーを設置した場合の採算性を計算してみましょう。1MWの発電システムを3億円で購入し、20年間稼動させます。維持費として10年目にパワーコンディショナーの交換代6,000万円が必要になります。売電による総収入は7億円で、20年間で3億4,000万円の黒字になります。

6-6 n型半導体とp型半導体

●電流の担い手は自由電子

　物質にはよく電気を通す金属、ほとんど電気を通さない絶縁体、その中間の半導体があります。金属がよく電気を通すしくみを図6-6-1を用いて説明します。金属は原子が規則正しく並んでいます。原子の最外殻軌道の電子は束縛から離れやすく、金属中を自由に動き回ることができます。これを自由電子といい電流が流れる担い手となります。一方、絶縁体や半導体では電子は原子に束縛され、ほとんど自由電子は存在しないので電流が流れません。

図6-6-1　金属と自由電子

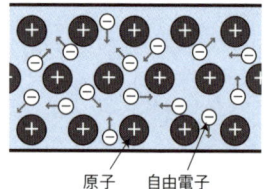

原子　自由電子（金属中を自由に動き回る）

●金属、半導体、絶縁体のバンド構造

　以上の原理をバンド構造に基づいて説明します（図6-6-2）。価電子帯とは電子が原子に束縛されている状態です。伝導帯にある電子が電流の担い手となる自由電子です。禁制帯は電子が存在できない領域です。

　金属は禁制帯の幅が狭く、価電子帯の電子は容易に伝導帯に移り、電流がよく流れます。絶縁体は禁制帯のエネルギー幅が広いので、ほとんどの電子は価電子帯に留まったままで、上の伝導帯に上がることができません。半導体はこれらの中間で光や熱など外部からエネルギーを与えると電子は伝導体にあがり、電流が流れやすくなります。

図6-6-2　物質のバンド構造

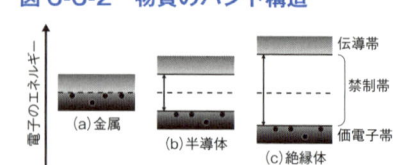

(a)金属　(b)半導体　(c)絶縁体

伝導帯
禁制帯
価電子帯

●n型半導体とp型半導体

・**真性半導体**

　不純物をまったく含まない半導体を真性半導体といいます。半導体の代表

はシリコンです。シリコンは4個の価電子を持っていますが、周りの4個のシリコン原子と電子を共有することにより見かけ上8個の電子が埋まっており、安定な状態となっています（図6-6-3）。自由電子がないため電気を通しません。

図6-6-3 真性半導体構造

・n型半導体

真性半導体にリンなどの5価の元素をドーピングしたものです。リンの価電子のうち4個は結合に使われますが、余った1個は自由電子となり、電流の運び手となります（図6-6-4）。リンは自由電子を生み出すのでドナーといいます。バンド構造は図6-6-5となります。伝導帯の下端のすぐ下にドナー準位ができます。ドナー準位の電子はわずかのエネルギーを得て伝導帯に移ります。

図6-6-4 n型半導体構造

・p型半導体

真性半導体にホウ素などの3価の元素をドーピングしたものです。価電子の3個は結合に使われますが、1個不足します。この空きのことをホール（正孔）といいます（図6-6-6）。ホールに別の電子が埋まると、その電子の後にまたホールが生じます。電子の移動に伴いホールが移動するような挙動をします。すなわちホールが電流の担い手となります。ホウ素は電子を受け入れるのでアクセプターといいます。バンド構造は図6-6-7となります。アクセプターによって価電子帯上端のすぐ上にアクセプター準位ができます。価伝子帯の電子はわずかのエネルギーを得てアクセプター準位に移り、ホールが生まれます。

図6-6-5 n型半導体のバンド構造

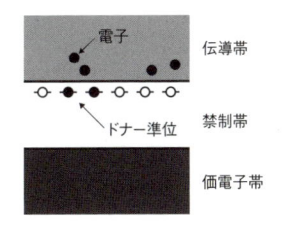

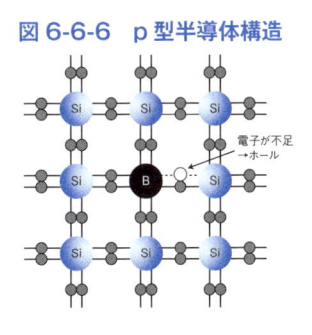

図6-6-6 p型半導体構造

図6-6-7 p型半導体のバンド構造

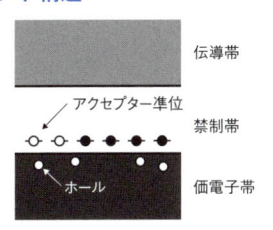

6-7 pn 接合と発電

太陽電池は、発電の原理からpn接合型と色素増感型に分類できます。ほとんどがpn接合型です。色素増感型については6-15節で述べます。

●光照射と半導体

半導体に光を照射したときの現象をバンド構造を用いて説明します（図6-7-1）。光は光子という粒子の集まりです。光子のエネルギーEは波長λと次の関係があります。

$$E = h \times C / \lambda$$

hはプランクの定数で6.6×10^{-34} $m^2 kg/s$、cは光の速さで$3 \times 10^8 m/s$です。波長が短いほど大きなエネルギーを持っていることがわかります。

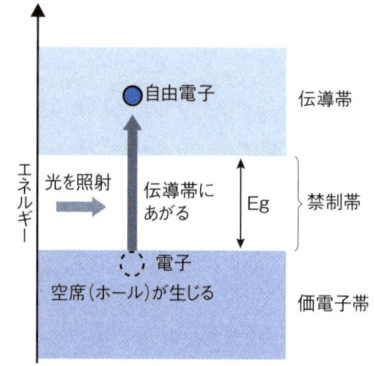

半導体に充分なエネルギーを持つ光を照射すると、価電子帯の電子はエネルギーをもらって伝導帯に移り物質中を動き回ることができる自由電子となります。価電子帯には電子がなくなった空席ができます。これをホールといいます。この現象を、光を照射したことによって一対の電子とホールが生まれたと表現します。

図6-7-1 半導体への光照射

●pn接合で発電

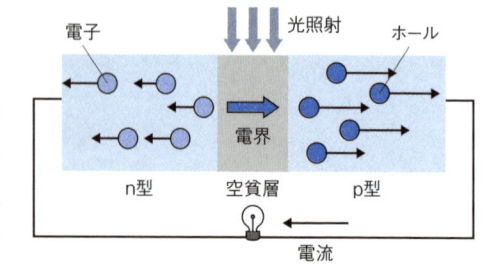

しかし自由電子が生まれただけでは発電しません。発電するにはp型半導体とn型半導体を組み合わせたpn接合を用います（図6-7-2）。接合部では電子とホールが結

図6-7-2 pn接合と電流

合し、電子もホールも存在しない空乏層ができます。空乏層には電子とホールを端っこに追いやる力となる電界ができます。外部に負荷をつなぐと電子とホールは互いに反対方向に移動し電流となって流れます。光を照射している間、電子とホールが生まれ続けるので電流が流れることになります。

●発電効率とバンドギャップエネルギーの関係

禁制帯のエネルギー幅のことをバンドギャップEgといい、物質固有の値です。表6-7-1に代表的な半導体のバンドギャップを示します。この表中の光吸収端波長についてはもう少し後で説明します。

光のエネルギーE、バンドギャップEgと発電変換効率の関係について考えてみましょう（図6-7-3）。

まず（1）のようにEがEgよりも小さいと、価電子体の電子は伝導帯に上がることができずまったく発電できません。（3）のようにEがEgよりも大きいときには、伝導帯に上がれるのですがEのうちEgを越えた部分は損失となり熱となってしまいます。したがって（2）のようにEとEgが等しいときがもっとも効率がよくなります。

単結晶シリコン太陽電池に図6-7-4のスペクトル分布の太陽光を照射したときの変換効率を考えてみます。シリコンのエネルギーギャップは1.1eVです（表6-7-1）。このとき

表6-7-1　半導体材料のバンドギャップ

	光吸収端波長 (nm)	バンドギャップ (eV)
アモルファスSi	700	1.77
CdTe	816	1.52
GaAs	867	1.43
InP	919	1.35
Cu(In, Ga)Se$_2$	954	1.3
結晶シリコン	1127	1.1
GaSb	1653	0.75
Ge	1850	0.67

図6-7-3　光エネルギーと変換効率

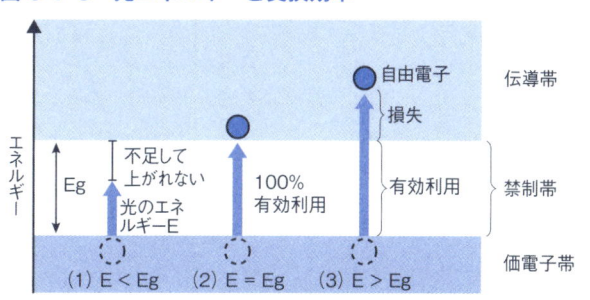

(1) E < Eg　不足して上がれない
(2) E = Eg　100%有効利用
(3) E > Eg　損失／有効利用

伝導帯／禁制帯／価電子帯

の式（6-7-1）から計算できる波長λ_0は1127nmです。図6-7-3で説明したように、この波長の光に対して変換効率は100％となり、これよりも長い波長の光は発電にまったく寄与しません。このことからλ_0を光吸収端波長といいます。またλ_0よりも波長が短い光に対しては一部が損失となります。波長が短くなるに従い効率が悪くなります。したがって発電効率と波長の関係は太い実線のようになります。太陽光のスペクトル分布と、この発電効率分布から全光線に対する発電効率が計算でき、27％となります。この値が結晶シリコンの変換効率の理論限界です。

任意のバンドギャップに対して以上の方法で発電効率を計算することができます。バンドギャップと発電効率の関係を図6-7-5に示します。約1.4eVのときに発電効率が最大となります。GaAs、CdTeがほぼこの値です。

a-SiGeおよびa-SiCはa-SiにGeおよび炭素を添加したものです。

図 6-7-4　太陽光スペクトル分布と変換効率

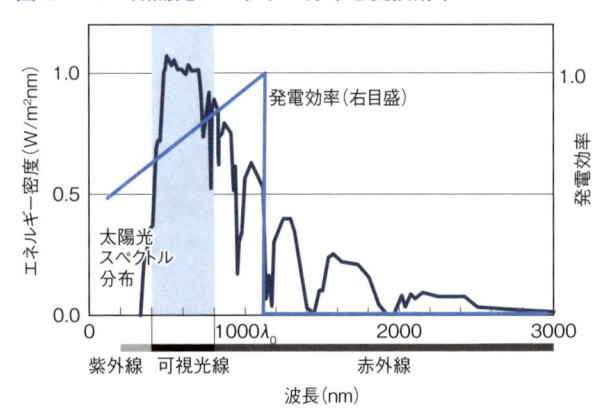

図 6-7-5　バンドギャップと発電効率

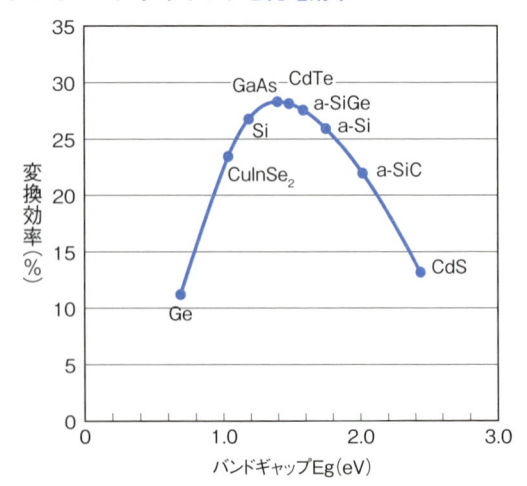

6-8 吸収係数と膜厚

　太陽電池は膜厚で分類することができ、5〜10μm以下を薄膜、それよりも厚いものをバルクといいます。薄膜はバルクに比べて材料コストだけでなく、製造コストも格段に安くなります。厚さは光に対する吸収で決まります。薄膜で形成するには吸収係数が十分に大きな材料で構成しなければなりません。

●吸収係数と厚さ

　吸収係数から必要な厚さを計算します。吸収率Iは吸収係数a、厚みtから次式で計算できます。

$$I = \exp(-at)$$

　吸収率99％を得るための吸収係数と厚さの関係を計算した結果を図6-8-1に示します。厚さを10μm以下とするには吸収係数が4×10^4/cm以上の材料を使わなければなりません。

図6-8-1　吸収係数と厚さの関係

●主な半導体の吸収係数

　結晶シリコン（c-Si）の吸収係数は他の材料に比べて極端に小さな値です（図6-8-2）。波長が900nmのときの吸収係数は約300cm^{-1}であり、99％の光を吸収するには150μmの厚さが必要です。吸収係数を300cm^{-1}とすると99％の光を吸収するには厚さを150μmにしなければなりません。一方アモルファスシリコンは吸収係数が大きく薄膜化が可能です。

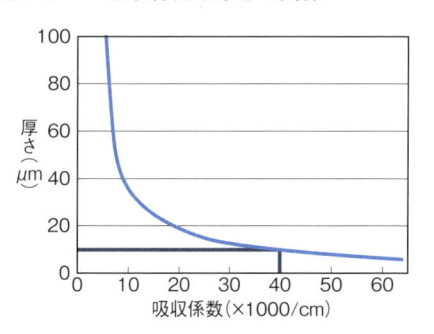

図6-8-2　主な太陽電池用半導体の吸収係数

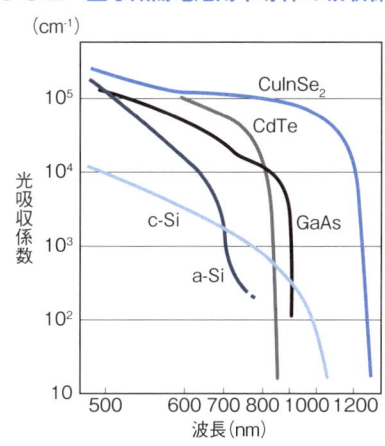

6-9 太陽電池の分類

●構成材料による分類

太陽電池を構成材料で分類することができます（図6-9-1）。HITについては6-13節で詳しく述べますが、n型の結晶シリコンの上下をアモルファスシリコン層ではさんだ構造のものです。

図6-9-1　太陽電池の構成材料による分類

```
                ┌ シリコン系 ─┬ 単結晶シリコン
                │             ├ 多結晶シリコン
                │             ├ 微結晶シリコン
                │             ├ アモルファスシリコン
                │             └ HIT
    太陽電池 ───┤
                ├ 化合物系 ───┬ 多元系……CIS、CIGSなど
                │             └ 二元系……GaAs、CdTeなど
                │
                └ 有機物系 ───┬ 色素増感型
                              └ 有機薄膜型
```

●厚さによる分類

薄膜型とバルク型といったように、太陽電池を膜厚で分類することができます（表6-9-1）。膜厚が5～10μm以下のものは薄膜型となります。

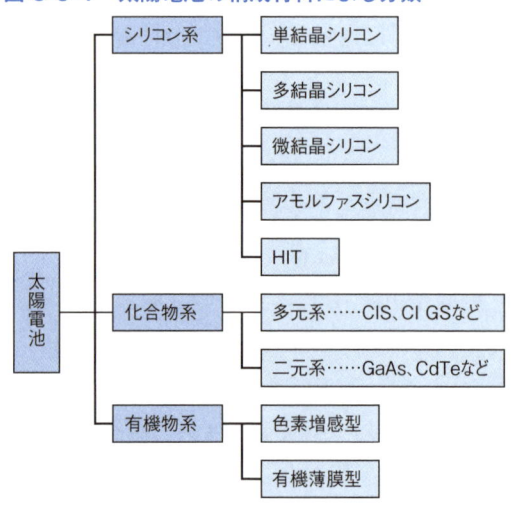

表6-9-1　太陽電池の厚さによる分類

	薄膜型	バルク型
膜厚	5～10μm以下	5～10μm以上
属する電池	・アモルファスシリコン ・微結晶シリコン ・GaAsを除く化合物系 ・有機系	・単結晶シリコン ・多結晶シリコン ・GaAs

●多接合型太陽電池

複数の電池層を重ねた多接合型という太陽電池があります（図6-9-2）。スタック型、積層型、タンデム型とも呼ばれます。光吸収端波長が異なるセルを重ねて、広いスペクトル範囲の光を吸収することによって高い変換効率を得ることができます。図6-9-2では3種のセルを積み重ねています。それぞれのセルが吸収する光の最大波長はλ_1、λ_2、λ_3で、$\lambda_1 < \lambda_2 < \lambda_3$となっています。このような構成にすることによっ

て、λ_3 より波長の短い光をすべて吸収することができ、また熱となって無駄になるエネルギーを少なくすることができます。4接合、5接合のセルも研究されています。DOE（米国エネルギー省）では6接合によって変換効率50％を目指しています。

図 6-9-2　多接合型太陽電池の構造

●種類別市場シェア

富士経済調べ『2011年版　太陽電池関連技術・市場の現状と将来展望上巻』による国内における種類別シェアの推移を図6-9-3に示します。単結晶シリコン、多結晶シリコンがほとんどを占めています。このなかでCIGS（化合物系）が伸びているのが注目されます。

NEDOは2030年における太陽電池の構成材料の種類別シェアを予測していますが、2030年も単結晶、多結晶シリコンが大多数を占めています。しかし、2011年に比べるとその比率は減少し、CIS/CIGS、CdTe、集光型などが増えるとしています。

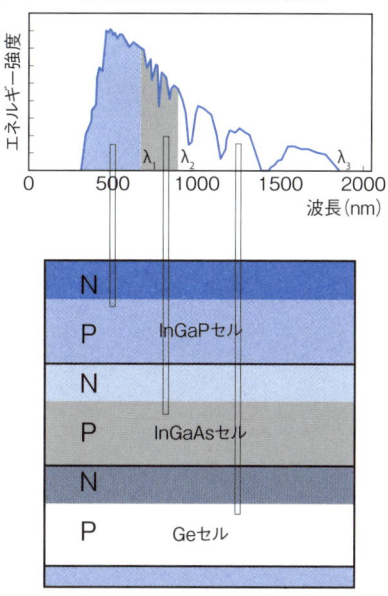

図 6-9-3　種類別太陽電池市場推移

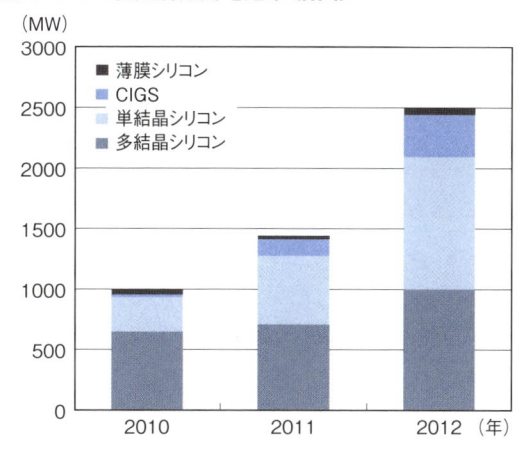

※2012年は見通し

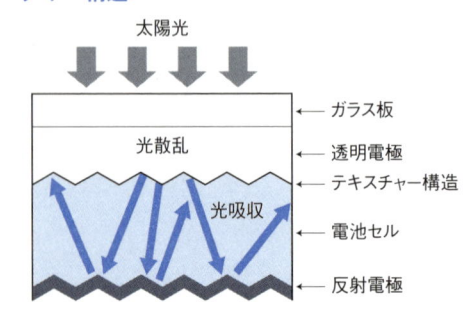

6-10 各種太陽電池の変換効率

●損失の原因

6-1節でも説明しましたが、変換効率20%の太陽電池を設置したとき、日中であれば1m^{2}あたり200Wの電力を得ることができます。が、逆に言えば残りの80%は損失となっています。この損失の原因はどこにあるのでしょうか。

最大の要因は図6-7-3で説明した現象ですが、これ以外にもいくつかの要因があります。まずセル表面での反射損失があげられます。シリコンは屈折率が3.5と非常に高く、反射率は35%もあります。反射率を減らすために多層膜コーティングやテキスチャー構造（図6-10-1）が施されています。テキスチャー構造とは表面に凹凸加工することによって光を閉じ込めてしまう技術です。しかし、太陽光の方向は季節や時間によっても異なり、また非常に波長分布幅が広いので、どうしても数％の反射損失は生じてしまいます。

また、光によって一対の電子とホールが発生しますが、この発生効率は100％ではありません。また発生してもすぐに再結合してしまうことがあります。電子、ホールが電極に行く途中で消滅し、有効な電力として取り出せないこともあります。ほかに、太陽電池内部の電気抵抗による電力の消費も考えられます。

図6-10-1　反射損失低減のためのテキスチャー構造

●各種太陽電池と変換効率

各種太陽電池の研究レベル（セル）、製品（モジュール）の変換効率を表6-10-1に示します。同表にNEDOによる2025年の変換効率の予測値も併記しています。

・シリコン系の変換効率

単結晶シリコンの研究レベルの

表 6-10-1　各種太陽電池の変換効率

太陽電池の種類		現状		2025年モジュール（NEDO予測）
		研究レベル（セル）	モジュール（製品）	
シリコン系	単結晶	25.0%	22.9%	25.0%
	多結晶	20.4%	15.5%	
	HIT	24.7%	19.1%	
	アモルファス	10.1%	8.0%	18.0%
	微結晶タンデム	12%	10.4%	
GaAs	単結晶	28.3%		
化合物系	CIS/CIGS系	20.3%	15.7%	25.0%
	CdTe	18.7%	16.1%	14.5〜15％(2015)
	3接合型	37.7%		40.0%
	集光型	43.5%		
色素増感		12.5%	9.2%	15.0%
有機系		11.7%		15.0%
量子ドット		12.6%	3.5%	

変換効率は1995年以来ほとんど改善されていません。研究開発の方向は主に、①製品モジュールの変換効率を研究レベルの値に近づける、②シリコンの消費量を減らして安くする、の2点に振り向けられています。特に②についてはn型シリコン基板の変わりにp型シリコン基板を用いることによって20〜30μm（現状の最小厚さは150μm）の薄型を目指した研究が行われています。

・CdTe の変換効率

　CdTe の主力メーカーはアメリカのファーストソーラー社です。ここ数年変換効率が着実に向上しています。セルレベルでの変換効率は2013年3月に18.7％を実現しました。モジュールレベルの変換効率は、当初のロードマップでは2015年に14.5〜15％の予定でしたが、2012年に14.4％と前倒しで達成しました。この値は多結晶シリコンと同等以上です。

　有害物質のCdを含むため日本のメーカーはどこも開発していないので、NEDOでも予測の対象に上がっていません。しかし世界市場を考えると非常に気になる存在です。

6-11 太陽電池の電気特性項目

●太陽電池の電圧、電流、電力

太陽電池に負荷を接続しないときに得られる両端の電圧を開放電圧といいます。これに負荷をつなぐと電流が流れますが、太陽電池の内部抵抗のために両端の電圧は開放電圧よりも下がってしまいます。図6-11-1の回路で、可変抵抗値をいろいろ変えて電圧と電流を測定すると、図6-11-2の関係が得られます。これを電圧・電流特性といいます。一次電池や二次電池の場合と異なって、横軸に電圧、縦軸に電流を表示します。V_{OC}は開放電圧、I_{SC}は短絡電流です。

この太陽電池に抵抗値RLの負荷をつなぐと、直線$I=V/RL$との交点で動作することになります。動作点では電圧、電流とも開放電圧、短絡電流よりも

図6-11-1 電圧・電流特性の測定方法

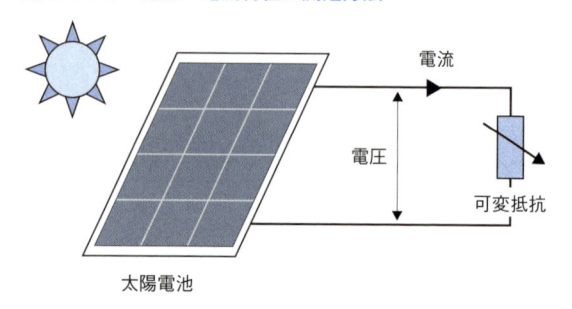

図6-11-2 太陽電池の電圧・電流特性

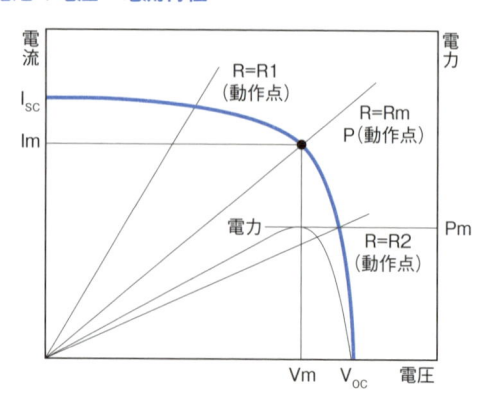

小さくなります。取り出せる電力はV・Iです。抵抗値が変わると図6-11-2のように動作点が変わり、取り出せる電力も変化します。R=Rmのときに最大電力Pmを得ることができます。Pmを照射されている太陽光エネルギーのパワーで割った値が変換効率です。

●入射光量と電圧・電流特性

入射光量が減少すると電圧・電流特性は図6-11-3のように変化します。開放電圧は変化しませんが、短絡電流が減少します。光量が100％のときに最大出力が取り出せた動作点Pは光量が75％になると動作点Aになってしまい、最大出力が取り出せなくなります。そこで動作点をBに移動する必要があります。パワーコンディショナーにはMPPTという制御回路が備えられており、絶えず最大電力が取り出せるように制御しています。

簡易な回路では絶えず取り出す電圧を開放電圧の80％にして、最大電力の近くで動作させるようにしたものもあります。

●温度上昇による変換効率の低下

太陽電池は屋根に設置されるために真夏には60℃以上、場合によっては80℃近くまで高温になります。特に結晶系シリコンは温度特性が悪く1℃上昇すると約0.4％変換効率が低下します。カタログには25℃の値が記載されていますので、60℃になると公称値の約85％になってしまいます。

図6-11-3　入射光量変化による電圧・電流特性の変化

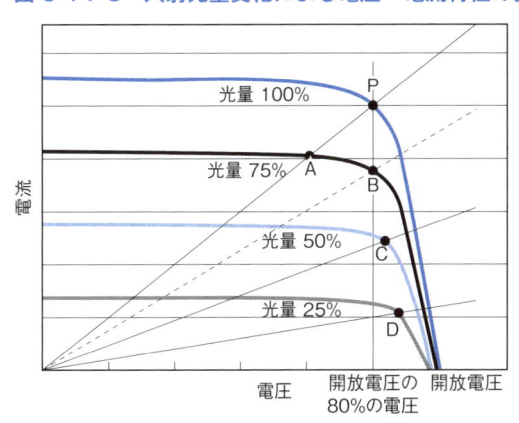

※P、B、C、Dは最大出力動作ポイント

6-12 集光型太陽電池

●概要

　変換効率が高い太陽電池はコストが高くなります。たとえば宇宙用に使われるInGaP/（In）GaAs/Geからなる3接合太陽電池は高価で、家庭用など汎用的な用途では採算が取れません。そこで太陽光をレンズで集光することによって太陽電池を小さくし、コストダウンを図ったのが集光型太陽電池です（図6-12-1）。

図6-12-1　集光型太陽電池

　集光型太陽電池は、集光率を上げることによって変換効率自体を改善できるという利点がありますが、一方で散乱光は集光できないので曇天の日や雨の日にはほとんど発電しないという欠点もあります。

●集光型のしくみ

　集光型太陽電池は、多くのセルを縦横に並べます。各セルの構造は図6-12-2のようになっており、フレネルレンズで太陽光を小さな面積に集光し太陽電池に照射します。

図6-12-2　集光型太陽電池の仕組み

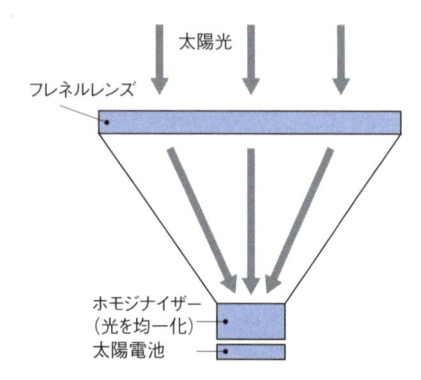

　一般に集光率を上げると変換効率は上昇しますが、あまり上げすぎるとかえって劣化してしまいます。狭い所にエネルギーを集中すると温度が上昇し変換効率が劣化するためです。この性

質は太陽電池の種類によって異なり、温度特性が悪いシリコンやGaAsは低い集光率で最大値に達してしまいます。InGaP/(In)GaAs/Geは集光による効率向上がもっとも高く、1倍集光から約100倍に集光することによって、変換効率を32％から38％ぐらいにまで改善できます※注。

集光にはレンズを用いる方法と凹面鏡を用いる方法があります。ホモジナイザーは、光が集中してセルが損傷するのを防ぐために、光を均一にする役目をします。用いない場合もあります。

集光型太陽電池の場合、パネル面が絶えず太陽光に向き合うように追尾装置がついています。追尾機能は装置が大掛かりになり、広いスペースを必要とするので家庭用ではなく発電プラント用に用いられます。平板式に比べて朝夕の発電効率が非常に向上します。

●球状シリコンを用いた集光型太陽電池

球状多結晶シリコンと集光凹面鏡を組み合わせた太陽電池がクリーンベンチャー21から商品化されています（図6-12-3）。追尾機構は不要です。平板の多結晶シリコンの製造プロセスに比べると大幅に簡略化されており、シリコンの消費量も1/5と非常に少なく低コストです。基板はアルミ素材なので軽量で折り曲げることもできます。現在の変換効率は11.7％ですが、変換効率16％を目指しています。

図6-12-3　球状シリコンと集光光学系を用いた太陽電池（クリーンベンチャー21）

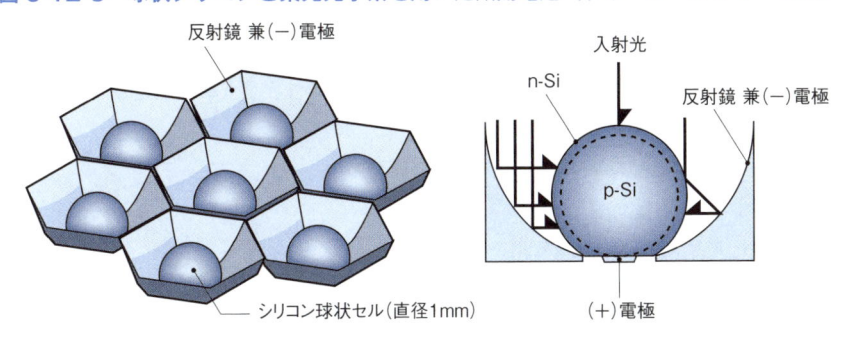

※注：2012年5月　シャープは、化合物3接合太陽電池セルと集光光学系を組み合わせて、世界最高変換効率43.5％を達成しました。

6-13 シリコン系太陽電池

　シリコン系太陽電池には、単結晶型、多結晶型、アモルファス型、微結晶型、およびこれらを接合したHIT型があります。各電池の種類別シェア推移については図6-9-3、変換効率については表6-10-1を参照してください。

●単結晶シリコン太陽電池

　シングルクリスタルシリコン、あるいはc-シリコンとも呼びます。シリコン原子が規則正しく並んでいます（図6-6-3）。多結晶シリコンの塊を1,500℃のるつぼで溶かし、ゆっくりと結晶成長させ、円筒状のインゴットを製作します。0.15～0.2mmの厚さにスライスしてウエハの完成です（図6-13-1）。薄く切断することは非常に難しい技術です。太陽電池にはp型シリコンウエハを用います。

　次にこのウエハを用いて太陽電池を完成させます（図6-13-2）。ドナーをドーピングすることによってn型層を形成します。n型の表面はエッチングによってテクスチャ構造とし（図6-10-1）、さらに反射防止膜を施し、表面反射を少なくします。次に表裏面に電気を取り出すための電極を設けます。表面には数本の細い線の電極が形成されます。金属あるいは透明導電膜が用いられます。裏面は面上の金属です。光を反射して再度結晶内を通過させて吸収を高める作用もしています。単結晶型は非常に変換効率が高いのですが、夏場などの高温のもとでは変換効率が落ちてしまうという問題があります。2012年12月に東芝は変

図6-13-1　インゴットからウエハの切断

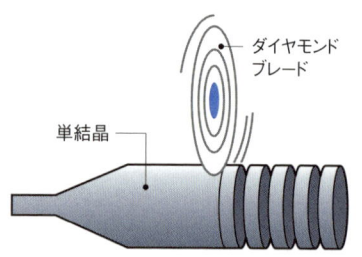

図6-13-2　単結晶型シリコン型の構造

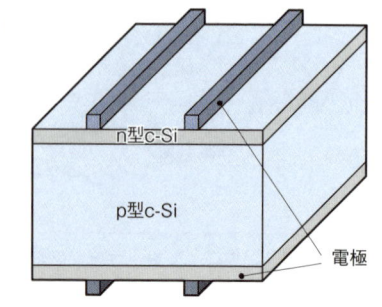

換効率20.1%の250W太陽電池モジュールを発売しました。

●多結晶シリコン太陽電池

　ポリシリコン、あるいはp‐シリコンとも呼びます。数mm程度のドメインと呼ばれる微小領域から構成され、ドメインの中では単結晶シリコンと同様シリコン原子が規則正しく並んでいますが、ドメインごとに結晶の向きが異なります（図6-13-3）。

　多結晶シリコンの粒を400℃〜900℃の鋳型の中で溶かし、徐々に冷やしながら固めて多結晶のインゴットを得ます。それを0.15〜0.2mmの厚さにスライスして、ウエハが完成です。ウエハから電池として仕上げるまでの工程および基本的な構造は単結晶シリコン太陽電池と同じです。性能は単結晶よりも少し劣りますが、価格は少し安くなります。多結晶シリコンも高温のもとでは変換効率が落ちてしまうという問題があります。

●アモルファスシリコン太陽電池

　変換効率は7〜10%と結晶系太陽電池と比べると劣りますが、コストが安く、しだいにシェアを増やしています。電卓などの小型機器に使われている太陽電池の多くはアモルファスシリコンです。非晶質シリコン、あるいはa-シリコンともいいます。ガラス内の原子の構造と同じく、無秩序にシリコン原子が配置しています（図6-13-4）。シリコンの4本の手を全て埋めるために水素を結合させます。

　プラズマCVD法によって、ガラスなどの基板上に、p型、i型、n型の3層のアモルファスシリコン層を形成し、p-n接合を実現します（図6-13-5）。

図6-13-3 多結晶シリコンの構造

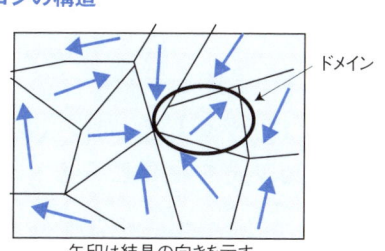

矢印は結晶の向きを示す

ドメイン

不純物を含まないi型層があるのがアモルファスシリコン太陽電池の特徴です。内部に電界ができ、入射光によって生成した電子とホールをそれぞれ効率よくn型層、p型層に運ぶことができます。吸収係数が大きく、薄膜で形成できます。プラスチックを基板とすることによって、フレキシブルな形状も可能です。

図6-13-4　アモルファスシリコンの構造

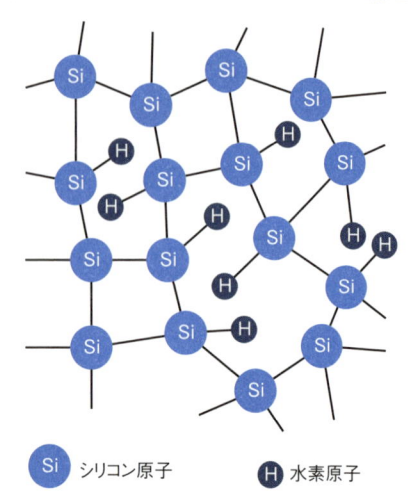

Si シリコン原子　　H 水素原子

しかし変換効率が低いという問題のほか、変換効率は使っているうちにさらに下がるという問題があります。単結晶シリコンや多結晶シリコンのセルの大きさは、一辺が10〜15ｃｍですが、アモルファスシリコンでは1ｍ位の大きさのものも作ることができます。

●アモルファスシリコン／微結晶シリコン接合型(タンデム型)太陽電池

微結晶シリコンはμc-シリコンとも呼ばれます。アモルファスシリコンの中に小さな多結晶シリコンが混じっている状態を微結晶といいます。各結晶の大きさは50〜100μmと多結晶のドメインの大きさと比べると非常に微細です。微結晶シリコンも吸収係数が大きいので薄膜で形成できます。微結晶シリコンだけを用いた太陽電池は実用化されていませんが、アモルファスシリコンと接合したアモルファスシリコン／微結晶シリコン接合型（微結晶タンデム型）太陽電池が実用化されています（図6-13-6）。

図6-13-5　アモルファスシリコン太陽電池の構造

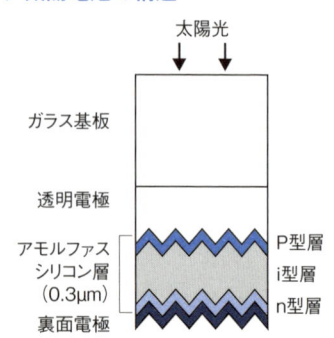

太陽光
ガラス基板
透明電極
アモルファスシリコン層
(0.3μm)
裏面電極
P型層
i型層
n型層

アモルファスシリコンで青色、緑色の光を利用し、微結晶シリコンでオレンジや赤色の光を利用することによって幅広い光を利用することができ、変換効率を上げることができます。さら微結晶シリコンゲルマニウム

（SiGe）などを加えた多接合型太陽電池の検討が進められており、10％前後の変換効率が実現できています。近い将来15％前後実現を目標に研究が進められています。

● **HIT型太陽電池**

パナソニックが力を入れて開発しています。HITとはHeterojunction with Intrinsic Thin-layerの略で、n型の結晶シリコン基板にアモルファスシリコンを積層したハイブリッド構造です（図6-13-7）。i型のアモルファスシリコン層を設けることによって、電子とホールを消滅することなく電極まで運ぶことができるため高い効率を得ることができます。量産品のモジュールとしては、変換効率19.1％を実現しています。また、温度上昇に伴う特性低下が結晶系シリコンより小さいため、夏期の晴天時には単結晶よりも高い出力が得られます。

2013年2月パナソニックは、世界最高変換効率24.7％のHIT太陽電池を開発したと発表しました。セル厚みは98μmであり低コスト化を実現できるとのことです。早期の製品化が期待されます。

図6-13-6　a-Si/μc-Si接合型（微結晶タンデム型）太陽電池の構造

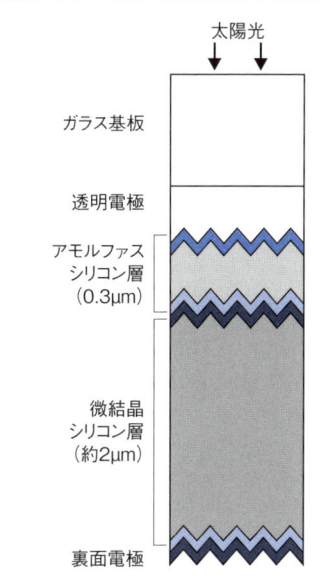

図6-13-7　HIT型太陽電池（パナソニック）

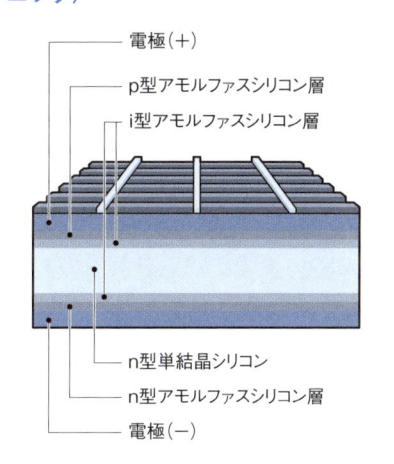

6-14 化合物半導体系太陽電池

　化合物半導体も太陽電池を実現できます。シリコンに比べて2桁程度光の吸収率が大きいので薄膜で制作できます。2種類の元素の2元系化合物、3種類の元素の3元系化合物、3元系以上の多元系化合物があります。

　シリコンは4価の元素ですが、3価の元素と5価の元素を組み合わせて半導体を形成できます。Ⅲ-Ⅴ系半導体といいます。同様に2価の元素と6価の元素を組み合わせたⅡ-Ⅵ系半導体があります。Ⅲ-Ⅴ系化合物の太陽電池にはGaAs、InP、Ⅱ-Ⅵ系化合物にはCdTe、CdS、多元系化合物にはCIS、CIGSがあります。

　典型的な化合物半導体太陽電池の構造を図6-14-1に示します。

● GaAs 太陽電池

　薄膜ではなく単結晶を用います。バンドギャップは1.42 eVで太陽光のスペクトルにマッチしています。カリフォルニア大のグループが変換効率28.3%と単接合型太陽電池としては最高の値を実現しています。高価なので宇宙用など特殊用途に限られています。

● CdTe 太陽電池

　バンドギャップは1.47eVで変換効率が良く、かつ薄膜なので価格が安いため、欧米で普及が進んでいます。1W当たりの製造コストをはじめて1米ドル以下を実現した電池です。

　しかし、有害物質のCdを含むため、国内メーカーは製造していません。アメリカのファーストソーラー社が最大のメーカーで、同社によると通常の利用及び火災が発生してもCdが流出しないことを検証済みとのことです。

図6-14-1 化合物半導体太陽電池の構造

前面ガラス
透明電極(0.25μm)
n型化合物半導体層
p型化合物半導体層
背面電極
封止樹脂
背面ガラス

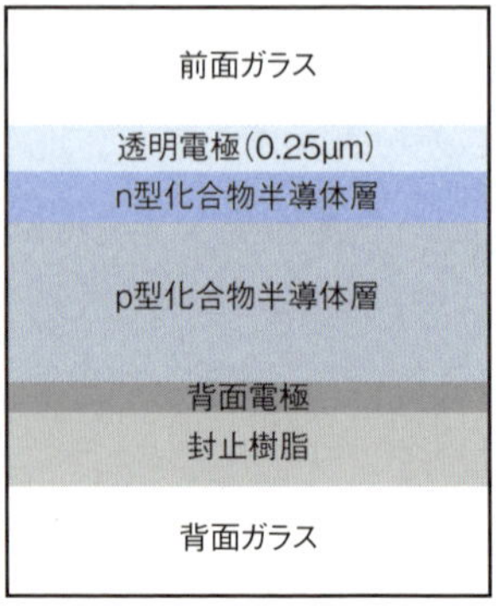

● CIS/CIGS 太陽電池

CIS とは銅（Cu）、インジウム（In）、セレン（Se）を原料とする薄膜の化合物半導体です。バンドギャップは1.04eVで、最適な値である約1.4eVよりも小さな値です。

CIGS はCIS にガリウム（Ga）を加えた化合物です。Ga と In の組成比を調節することで、バンドギャップを1.00eVから1.68eVの範囲で制御できます。しかしGaを増やし過ぎると欠陥が生じかえって性能を劣化させます。1.25eV位に設定しています。

CIGS 太陽電池の変換効率は多結晶シリコン太陽電池と比べても遜色がありません。ガラス等の基材に薄膜を形成して製造するので、大面積化、量産化に適し、低コストとなります。ソーラーフロンティア（旧昭和シェル）が積極的に販売を進めています。同社は2013年1月変換効率19.7%を達成したと発表しました。

Column
化合物半導体の多接合型太陽電池への適用

化合物半導体はいろいろなエネルギーギャップの太陽電池が実現できるので、多接合型（6-9節参照）に適用されます。シャープは2012年12月3接合型のセルで変換効率37.7%の世界最高記録を達成したと発表しました（図6-13-A）。一辺が10mmで、集光型発電システム、宇宙用途への適用を検討しています。

図6-14-A　最高変換効率の3接合型太陽電池（シャープ）

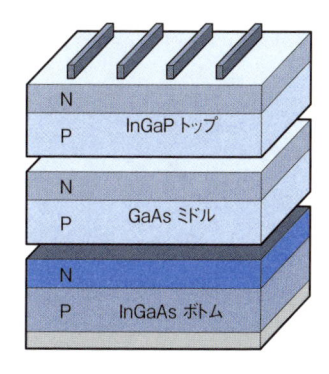

6-15 有機系太陽電池

　有機化合物を用いた太陽電池は素材が安価で、製造プロセスもシンプルなため大幅な低価格が期待できます。着色したり、多用な形に加工できるので多様なシーンでの利用が可能です。しかし現時点では、変換効率が低く、耐久性が不十分という課題があります。

●色素増感太陽電池

　色素増感型太陽電池の発電のしくみは今まで述べてきたpn接合型とは異なっています（図6-15-1）。マイナス側透明電極の表面に色素をつけた酸化チタンが塗られています。プラス極とマイナス極の間はヨウ素を含んだ電解液で満たされています。ヨウ素は正極電極から電子を受け取り電解質の中を運び、色素に渡します。電子を受け取った色素は光が当たると電子を放出し負極電極に渡します。いろいろな色素を使うことができるので、装飾性に富んだ太陽電池を作ることが可能です（図6-15-2）。電解液の代わりに高分子ゲルの固体電解質を用いる研究も進められています。2006年以降変換効率は

図6-15-1　色素増感太陽電池のしくみ

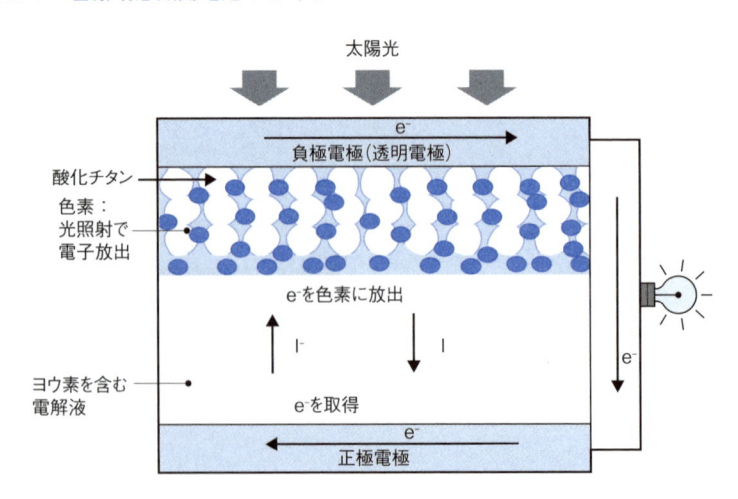

11.1％に留まっていましたが、2012年東大瀬川浩司教授の研究グループは変換効率12.5％を達成したと発表しました。

図6-15-2　装飾性に富んだ太陽電池（ソニー）

●有機薄膜太陽電池

有機半導体を用いた薄膜の太陽電池です。印刷プロセスで製造できるので、格段に安価な太陽電池が実現できます。電解液を用いないため、軽量でフレキシブルな構造にできるので、ビルや住宅の壁面への装着、自動車のボディに貼り付けるなどさまざまな用途への応用が可能です。最大変換効率もアモルファスシリコン太陽電池と同等の約10％程度が得られ、商品化も近くなりました。

無機物太陽電池と比べて空乏層の広がりが無機物の1/100〜1/1000しかなく（図6-15-3）、そのために発電効率が低くなります。n型半導体として多数の炭素が球状に結合したフラーレン誘導体、p型半導体として導電性高分子が通常用いられます。実効的に空乏層を広げるために、p型半導体とn型半導体が相互に突き出した形状としたり（図6-15-4）、p型とn型の間にp型とn型を混成したi型層を形成する方法が提案されています。

三菱化学は2012年に世界最高の変換効率11.7％を達成しました。厚さが1mm以下のフィルムに塗って製作できるので、フレキシブルな形状が実現でき、ブラインドやロールカーテンに加工することができます。2013年春からサンプル出荷、2015年度に本格出荷を目指しています。量産品の変換効率は7％くらいになる見通しです。

図6-15-3　有機薄膜太陽電池のしくみ

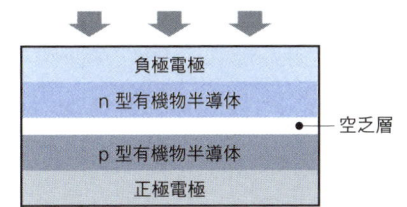

図6-15-4　発電効率の改善

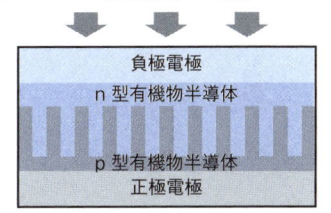

6-16 量子ドット型太陽電池

　量子ドットという技術を応用して太陽電池を実現するもので、変換効率を80％近くまで飛躍的に向上させる新時代の太陽電池です。2011年3月に東大荒川教授とシャープが変換効率18.7％を達成したことにより、研究開発が一段とヒートアップしました。

●半導体のしくみ

　原子核に閉じ込められた電子は離散的なエネルギー状態をとり、この原子が多く集まってバンドが形成されます。これと同じものを人工的に作り出すのが量子ドットです（図6-16-1）。

　10nm～20nmくらいの狭い場所に電子を閉じ込めることによって人工的な原子ができます。多くの人工原子を規則正しく並べることによってバンドを作ることができます（図6-16-2）。

　太陽光を効率良く電気に変換できるバンドギャップエネルギーを持つバンドを人工的に作り出すのが、量子ドット太陽電池です。一般的な半導体プロセスよりも微細な加工プロセスで製作します。現在は主に化合物半導体を用いた研究が行われていますが、将来は安価なシリコンが使える可能性もあります。

●量子ドットを利用した太陽電池

・中間バンド方式

6-16-1　量子ドットの構造

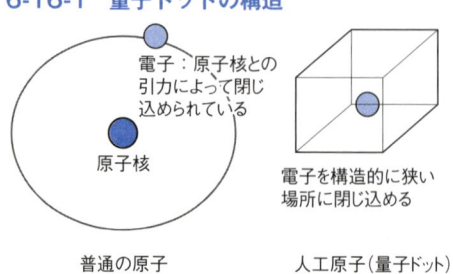

電子：原子核との引力によって閉じ込められている
原子核
普通の原子

電子を構造的に狭い場所に閉じ込める
人工原子（量子ドット）

図6-16-2　量子ドット半導体の構造

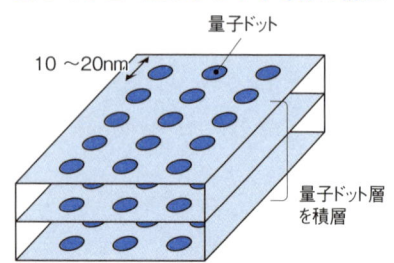

量子ドット
10～20nm
量子ドット層を積層

もっとも研究が盛んな方式です。量子ドットによって、赤外線吸収のための中間バンドを設けることによって発電効率を改善します（図6-16-3）。中間バンドによりEg_1とEg_2の2のバンドギャップが新たに生まれ、より広い範囲の光を電気に変換することができます。多接合型でも同じ原理で変換効率を高めることができますが、接合の数が増えるに従い、製造コストが急上昇します。

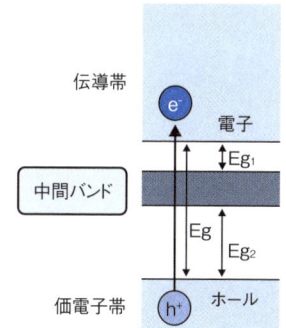

図6-16-3 中間バンド方式

・**タンデム接合型**

異なるバンドギャップを持つ量子ドットを積層したものです。

・**多重励起子生成(MEG)型**

励起子とは光が照射されたときに発生する1対の電子とホールのことです。一般的には1個の光（光子）から1個の励起子が生成し、余ったエネルギーは熱となります。多重励起とは1個の光から2個の励起子を創りだすことです。電通大の沈青助教はバンドギャップの2.7倍以上のエネルギーをもつ光子が多重励起する条件であることを解明しました。

Column
量子ドット太陽電池の研究状況

2011年4月東大荒川教授らのグループは4つの中間バンドを設けることによって、75％の変換効率が実現できる可能性を理論的に示しました。2012年9月には東大岡田教授はモジュールの試作に成功しました。セルは5.5mm角でGaAs基盤にInAs量子ドット層を5層形成しました。105倍集光光学系と組み合わせて変換効率15.3％を達成しました。2012年6月東北大寒川教授らのグループはシリコン製で世界最高効率の12.6％を達成しました。1年以内に30％、5年以内に45％をめざして研究を進めています。

なお、超先端電子技術開発機構は、量子ドット太陽電池をオールジャパンで取り組み、2020年代後半を実用化目標とすべきであると提言しています。

第7章

電気自動車用電池と周辺技術

ここ2～3年のハイブリッド車の普及は目を見張るものがあります。ガソリン車に比べて燃費を大幅に改善することができます。電気自動車も着実に価格が下がってきており、将来大きな市場が形成できると見込まれています。ハイブリッド車、電気自動車は性能、価格とも電池に大きく依存します。従来のニッケル水素電池からしだいにリチウムイオン電池に代替されており、リチウムイオン電池の進歩に大きな期待がかかっています。

7-1 電気自動車の種類

電気自動車やハイブリッド車は化石燃料の消費が少なく、温暖化の原因となるCO_2もあまり排出しないエコで環境にやさしい技術です。この数年の普及の速さは目を見張るものがあります。

●電気自動車の分類

EV（Eletric Vehicle）とも呼ばれます。動力の一部にでも電力を用いているものをEVと総称する場合（広義のEV）と電気だけを動力とする自動車をEVと呼ぶ場合（狭義のEV）があります。広義のEVは次のように分類することができます。

純粋電気自動車：電力だけで動く自動車で、PEV（Pure Electric Vehicle）ともいいます。

ハイブリッド自動車：ガソリンと電力の両方を動力源とする自動車で、HEVあるいはHV（Hybrid Electric Vehicle）ともいいます。

プラグインハイブリッド自動車：PHEVあるいはPHV（Plug-in Hybrid Electric Vehicle）といいます。家庭用の100Vあるいは200Vの交流電力で充電できるハイブリッド車です。トヨタが発売しているプリウスの3代目はプラグインハイブリッド車です。

燃料電池自動車：燃料電池から生み出される電気を動力源とする自動車で、FCV（Fuel Cell Vehicle）ともいいます。

●電気自動車の長所

電気自動車がガソリン車と比べて優れている点を列挙します。

① **エネルギー効率が約3倍優れている**

ガソリン車は化石燃料のエネルギーの10％しか利用していません。一方電気自動車は火力発電の効率を含めて約30％利用しています。

② **CO_2の排出が少ない**

CO_2排出量は、火力発電所での排出を含めても、ガソリン車の1/4です。

③音が静か
④発進がスムーズ
　低速回転時も非常にパワフルなので、発進が非常にスムーズです。
⑤構造がシンプル
　構成部品が少なく内部構造が非常にシンプルです。

●電気自動車の短所

　その一方、電気自動車は次のような弱点があります。
①価格が高い
　純粋電気自動車の日産リーフは2013年4月に価格改定しましたが、最も安いグレードでも299万円です。同クラスのガソリン車と比較すると、もう一段価格を下げてもらいたいものです。
②走行距離が短い
　ガソリン車は満タン給油で約500kmを走行できますが、電気自動車は、満充電しても150km〜200km位しか走行できません。
③充電時間が長い
　家庭用電源から充電する普通充電と充電設備からの急速充電があります。普通充電は約8時間〜16時間、急速充電は80%充電で約30分かかります。そのため遠出用途には向かず、現状では「地域コミューター」としての使い方に限られます。
④充電スポットの不足
⑤暖房時にも電力を消費する
　ガソリン車はエンジンの廃熱を利用しますが、電気自動車ではバッテリーから供給しなければなりません。

　以上長・短所を比較してみましたが、長所も短所も電池に起因するものがほとんどです。電気自動車の今後は電池の発展に大きく左右されます。

7-2 電気自動車の歴史と今後の市場

●電気自動車の歴史

　最初に生まれた自動車は蒸気自動車です。1769年に発明されました。蒸気機関車の発明が1804年ですから、自動車のほうが35年早く生まれたことになります。1830年代には一次電池を搭載した電気自動車が発明されました。

　電気自動車の最初の商品は1886年です。ガソリン車が1891年ですから、このころは電気自動車とガソリン車の技術が競合していた時代といえるでしょう。1895年のアメリカの自動車台数は約3700台でしたが、2900台が蒸気自動車、500台が電気自動車、300台がガソリン自動車でした。

　しかし蒸気自動車の車輪は金属製で直径が1.8m、総重量は4ｔもあり、道路を傷めてしまう問題があり、次第に消えていきます。電気自動車も電池技術が未熟なため走行距離が短く淘汰され、ガソリン車だけが残りました。

●電池の進歩と電気自動車の歩み

　1980年からニッケル水素電池の研究が進みます。1997年にトヨタはニッケル水素電池を搭載したハイブリッド車プリウスを開発しました。当初は高価なためあまり売れませんでしたが、2003年の2代目プリウスから次第に売り上げを伸ばしていきました。また1991年にはリチウムイオン電池が誕生し、自動車への搭載の研究が進みました。一部のメーカーはリチウムイオン電池を搭載した自動車を開発しましたが、値段が高く市場にはあまり出回りませんでした。

図7-2-1　パリ万博出展（1900年）の電気自動車

2000年代の初期には燃料電池を搭載した電気自動車が提案され少量ながら商品化されましたが、高価なため普及には至りませんでした。一方でこの間もリチウムイオン電池の技術は進み、平行して電気自動車も大きな進歩を遂げます。2009年6月には三菱自動車から純粋電気自動車 i-MiEV、2009年12月にはプリウスの3代目となるプラグインハイブリッド車、2010年12月には日産から純粋電気自動車リーフが量販されました。

　2010年代に入るとハイブリッド車の売上げが急増します。2012年には全自動車のうちハイブリッド車は14％占めるようになりました。乗用車だけに限ると約20％がハイブリッド車です。

●今後の電気自動車市場

　藤樹ビジネス研究所では、国内市場における電気自動車、燃料電池車を含む次世代自動車の販売台数予測を発表しています（図7-2-2）。ここ数年30％以上の増率で伸び、ほとんどがハイブリッド車です。2020年には全自動車のうち43％が次世代自動車が占めるとしています。2020年の次世代自動車の内訳はHVが115万台、EVが61万台、PHVが35万台、その他34万台となっています（図7-2-3）。

　今までは次世代車の市場は日本と米国に限られていましたが、今後世界各

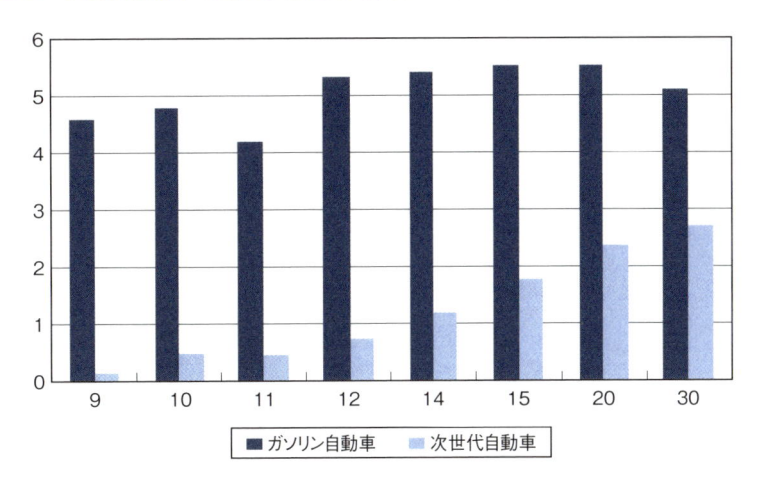

図7-2-2　次世代自動車の国内市場予測（藤樹ビジネス研究所）

国で普及します。2020年には2010年の20倍以上となり、全自動車の20％以上を占めると予測されています（図7-2-4）。国別では米国と中国がそれぞれ約1/3を占有し、ついで欧州、日本と続くと予想されています。

● EV、HEV用蓄電池の市場予測

　IDC Japanは2012年に、国内におけるEVやHVの自動車走行用蓄電池市場の予測を発表しました。今後年平均26％で成長を続け、2016年には3165億円に達すると予測しています。種類別では2011年下半期の売り上げ金額はニッケル水素電池とリチウムイオン電池はともに約300億円でしたが、今後はニッケル水素電池は頭打ちになるのに対して、リチウムイオン電池は確実に市場を拡大し2016年には3000億円を突破する見通しです。

　リチウムイオン電池は、ノートパソコン、スマートフォン・携帯電話、電池組み込みモバイル機器などに使われていますが、2013年には自動車用途が最も多くなり、2015年には全体の半分以上が自動車用途となる見通しです。

図7-2-3　2020年における次世代自動車内訳（藤樹ビジネス研究所）

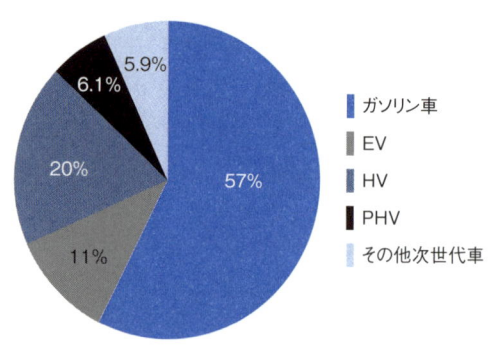

- ガソリン車：57%
- EV：11%
- HV：20%
- PHV：6.1%
- その他次世代車：5.9%

図7-2-4　2020年のHV、PHV、EVの世界市場（野村総研）

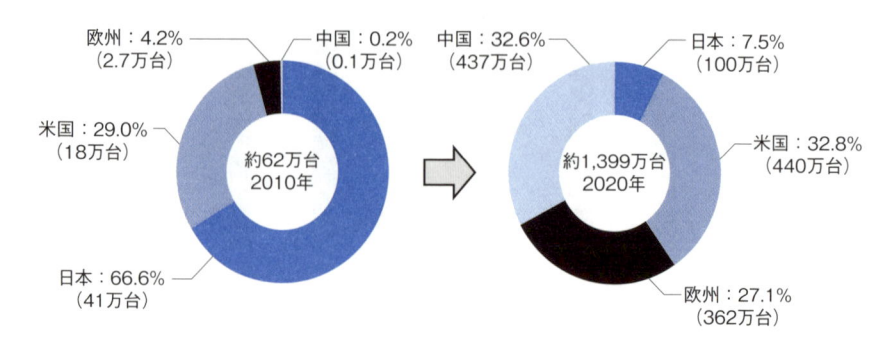

約62万台 2010年
- 欧州：4.2%（2.7万台）
- 中国：0.2%（0.1万台）
- 米国：29.0%（18万台）
- 日本：66.6%（41万台）

約1,399万台 2020年
- 中国：32.6%（437万台）
- 日本：7.5%（100万台）
- 米国：32.8%（440万台）
- 欧州：27.1%（362万台）

7-3 電気自動車時代を切り開いた プリウス、リーフ、i-MiEV

　ハイブリッド車のトヨタのプリウス、純粋電気自動車の日産のリーフ、三菱自動車のi-MiEVについて説明します。

●プリウス

　プリウス（図7-3-1）は「第30回 日本カー・オブ・ザ・イヤー」をはじめ国内外で多数の賞に輝き、車種別売り上げ台数でも、2009から3年半にわたって首位を維持した実績を持つ自動車史に残るハイブリッド車です。

　1997年に初代が販売されました。1500ccのガソリンエンジンと33kW交流磁石式同期モーターを併用し、二次電池には約1.3kWhのニッケル水素電池を搭載しました。当初の燃費は28.0km/l、さらに改良により31.0km/lと当時の同クラスの車と比較すると驚異的な数値でした。しかし同クラスの車に比べて高価なため販売台数は今一歩でした。現在は3代目で2009年5月に販売されました。ガソリンエンジンの排気量を1800ccに増やし、モーター出力も60kWと大きくし、2500ccガソリン車並のパワーを実現しました。

図7-3-1　プリウス

燃費は38km/lと改善され、価格も同クラスのガソリン車とあまり差がなくなり、上記したように輝かしい実績を得ました。

　2009年12月から官公庁、自治体等向けに家庭の電源からも充電できるプラグインハイブリッド車のリースを開始しました。二次電池には初めてリチウムイオン電池を搭載しました。2012年1月から一般向けにも、価格320〜420万円で販売を開始しました。リチウムイオン電池の改善などにより、モーターだけで最大26.4km走行でき、燃費も61km/lを実現しました。

● リーフ

　リーフ（図7-3-2）は2010年12月に日産自動車から発売された世界で最初の本格量産をめざした電気自動車です。当初の価格は376万円でした。

　モーターは交流磁石式同期型で、最大出力80kW、最大トルク280N・mでガソリンエンジンの2500ccクラスです。変速方法は一段だけの固定式です。電池は容量24kWh、重量298kgのリチウムイオン電池を搭載し、フル充電で200km走行できます。電池を座席下部の床下に納めることにより、操縦の安定性と広い居住空間を確保しています。家庭のコンセントでも充電でき、200V電圧を使用したときには8時間で充電できます。充電スポットでは約30分の急速充電が可能です。2013年4月の時点での廉価版は299万円、走行

図7-3-2　リーフ

距離は228kmに改良されています。

● i-MiEV

　2009年7月、三菱自動車は車両価格460万円の電気自動車i-MiEV（図7-3-3）を発売しました。最大出力47kWの交流磁石式同期型モーターを搭載し、最大トルクは180N・mであり1800〜2000ccクラスに相当します。変速方法は一段だけの固定式です。容量16kWh、重量200kgのリチウムイオン電池を搭載し、フル充電での走行距離は120kmでした。ただし、エアコンを使用すると100km、ヒーター使用時では80kmに減少します。充電は家庭のコンセントと急速充電の両方が可能です。

　その後マイナーチェンジを行い、現在は2グレード体制となりました。上級グレードの「G」は価格380万円で走行距離も180kmまで延びました。廉価グレードの「M」は電池容量を10.5kWhに下げ価格を260万円に引き下げました。走行距離も120kmとなりました。「M」には東芝製の二次電池「SCiB」が採用されています。三菱自動車は、2013年3月の「ジュネーブ国際モーターショー」で走行距離300kmの電気自動車を参考出品しました。

図7-3-3　i-MiEV

7-4 電気自動車のエネルギー効率

　電気自動車はガソリン車に比べてエコであるといわれています。発電所の効率まで含めて、電気自動車とガソリン車の効率を比較してみましょう。結論は発電所の損失を含めても電気自動車のほうが省資源です

●電気自動車のエネルギーの流れと効率

　電気自動車を動かすためのエネルギーの流れを図7-4-1に示します。発電所の電力を送電線で送り、二次電池に充電します。電池からの電気でモーターを回しタイヤを回転させます。各段階でのエネルギー効率を考えてみます[※注]。

火力発電所での効率：平均的な石油火力発電所の効率は約40％です。しかし、最近の天然ガスを用いた「コンバインド・サイクル発電」では効率が60％以上となりますが、ここでは効率を50％とします。

送電効率：発電所からの電気を場合によっては数100km離れた利用者まで送らなければなりません。日本での平均的な送電効率は約95％です。

充電効率：外部から電力を充電してもすべてが電池に蓄電されるわけではありません。二次電池の種類、蓄電条件にも左右されますが、85％とします。

走行効率：電気がモーターを回転させタイヤを動かすまでのエネルギー効率

図7-4-1　電気自動車とガソリン車の効率比較

電気自動車の効率

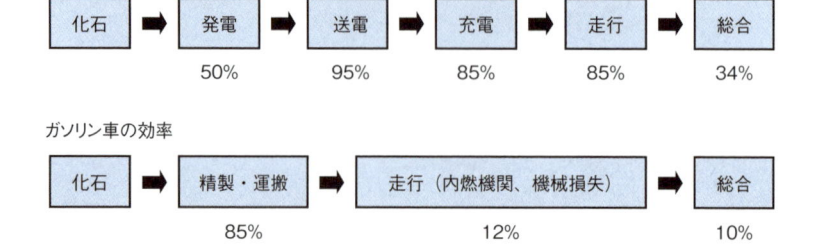

化石 ➡ 発電 ➡ 送電 ➡ 充電 ➡ 走行 ➡ 総合
　　　　50%　　　95%　　　85%　　　85%　　　34%

ガソリン車の効率

化石 ➡ 精製・運搬 ➡ 走行（内燃機関、機械損失）➡ 総合
　　　　　85%　　　　　　　　　12%　　　　　　　　10%

※注：http://www.ellica.com/project/ 参照

です。モーターの効率と回生ブレーキによる効率を含めて85％とします。

以上を総合すると電気自動車では、原油エネルギーの内34％を利用して動かしていることになります。

●ガソリン車のエネルギーの流れと効率

次にガソリン車の場合を考えてみます。原油の精製およびガソリンスタンドまでの運搬での効率を85％とします。エンジンはガソリンを燃やして運動エネルギーに変換します。さらにエンジンのピストン運動はいくつかの機構部品を通してタイヤに伝えられます。この走行部分の効率は算出者によってかなり異なりますが、ここではメーカーデータの12％を採用することとします。

以上から、ガソリン自動車の総合エネルギー効率は約10％となります。電気自動車の総合エネルギー効率は約34％ですから、電気自動車のほうが、3.4倍効率が良いという結論になります。

●走行距離あたりの費用計算

1km走行するのに必要な料金を比較してみましょう。日産のリーフは24kWhの充電で200km走行できるとしていますが、控えめに150kmとして計算します。東京電力の家庭向け電力料金は使用電力量によって3段階の料金設定がなされています。もっとも高い1KWh当たり約29円としたとき、および深夜電力料金約12円の場合について計算すると、それぞれ1km走行するための料金は、4.6円、1.9円となります。

ガソリン自動車は10km/l走行できると仮定します。1l当たりのガソリンの値段を150円とすると、1km走行する費用は15円になります。ガソリン税を除くと9.6円です。以上を表7-4-1にまとめます。

表7-4-1　電気自動車とガソリン車の走行距離1kmあたりの費用

電気自動車		ガソリン車	
最高料金帯を使用	深夜電力使用	ガソリン税込み	ガソリン税除外
4.6円	1.9円	15円	9.6円

7-5 電気自動車のしくみ

●シンプルな構造の電気自動車

ガソリン車は内部構造が非常に複雑です。ガソリンエンジンのほかに冷却用ラジエーターなど多くの部品で構成されています。電気自動車ではこれらにかわって、バッテリー、モーター、インバーターなどが必要になりますが、部品点数は大幅に減少します（図7-5-1）。

電気自動車はバッテリー（図7-5-2、図7-5-3）からの電気でモーターをまわしタイヤを回転させます（図7-5-4）。ガソリン車のガソリンに相当するのがバッテリー、エンジンに相当するのがモーターです。後で詳しく説明しますが、効率の高い3相交流式モーターを使います。インバーターは、バッテリーからの直流電気をモーターを動かすための交流に変換する役割をします（図7-5-5）。アクセルからの信号を受けてモーターの回転数を調整します。アクセルを踏むとモーターに入力する電流が大きくなります。この調整をするのがコントローラーです。

図 7-5-1　電気自動車の構造

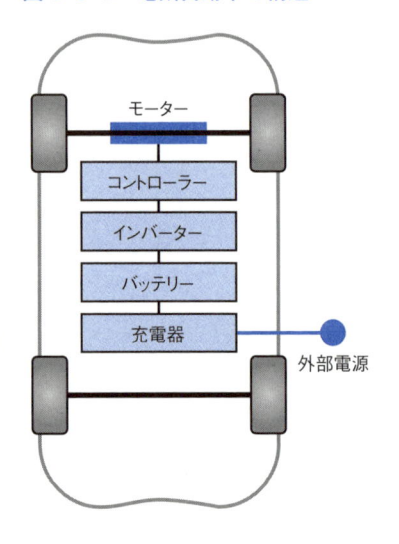

●出力特性

電気自動車とガソリン車の特性の違いのひとつに出力特性があります。エンジンやモーターの出力特性を評価するのにトルクという量を用います。トルクとは瞬間に発揮する回転力のことです。モーターとガソリンエンジンとのトルク特性を図7-5-6で比較します。

ガソリンエンジンはある回転数のときに最大トルクを発揮します。回転数が低くなるに従いトルクが小さくなってしまいます。そのために変速ギヤを

図7-5-2　日産「リーフ」搭載のリチウムイオン電池（オートモーティブエナジーサプライ）

図7-5-3　三菱自動車「i-MiEV」搭載のリチウムイオン電池（リチウムエナジージャパン）

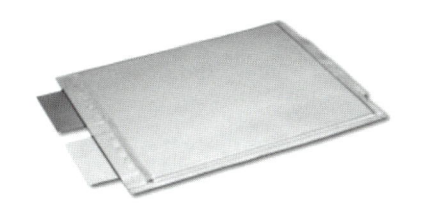

図7-5-4　モーター（MEIDEN）

図7-5-5　インバーター（MEIDEN）

設け、回転比を下げることによって低速時でも十分なトルクが得られるようにしています。しかしながら0回転時にはトルクはゼロになるので、始動は外からの助けを借りなければなりません。そのためにセルモーター（スターター）を装備して電気の力で始動しています。

またそれぞれのギヤでカバーできる回転数が限られているため、スピードに応じてギアチェンジをしなければなりません。オートマチック車はギアチェンジを意識することがありませんが、変速ギヤは備えており自動的に切り替えられています。

一方、モーターのトルクは低速になるに従い大きくなります。回転数が0のときにはかなり大きなトルクが得られます。そのためスターターの力を借りる必要がなく、スムーズに発進する

図7-5-6　エンジンとモーターのトルク特性

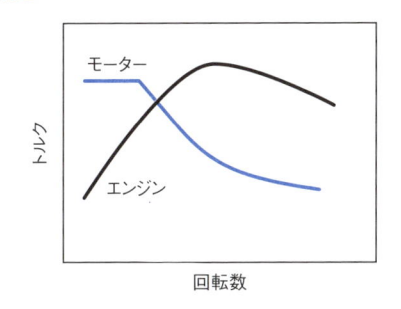

7・電気自動車用電池と周辺技術

ことができます。スイッチボタンを押すという簡単な操作で始動することができます。上り坂での発進でも後退や停止することはありません。また高速回転でも十分なトルクが得られるので、ギヤを変換する機構が必要なくなります。

●モーターの種類

代表的なモーターには、整流子モーター、誘導モーター、同期モーターがあります。整流子モーターは直流で回転しますが、整流子とブラシで半回転ごとに電流の向きを切り替える構造になっているため、磨耗しやすくメンテナンスが必要です。電気自動車にはほとんど用いられません。

・誘導モーター

誘導モーターは向かい合う一対のコイルを3組配置します（図7-5-7）。固定子といいます。各コイルにそれぞれの位相を120度ずらした三相交流電流を流します。すると中心部では時間とともに向きが回転する回転磁場が生じます。中央部にコイルを配置すると、コイルに回転磁場により誘導電流が流れます。回転磁場と誘導電流の間に電磁力が働き、コイルは回転します。テスラのロードスター、GMのボルボなどが採用しています。

図7-5-7　誘導モーターの仕組み

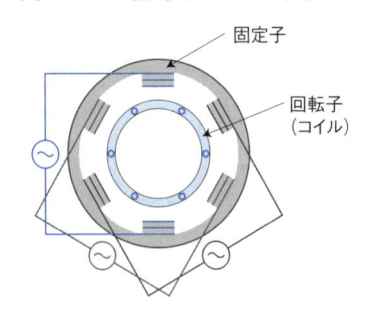

・同期モーター

同期モーターは誘導モーターの場合と同様、外周に配置された3組の固定子に3相交流を流し、中央に回転磁場を発生させます。中央部には電磁石あるいは永久磁石を配置します。電磁石あるいは永久磁石は回転磁場との電磁力によって回転します。電気自動車では、小型でかつ強い磁場を得るためにレアアースを使用した永久磁石を用いています。プリウス、i-MiEV、リーフなどに使用されています。

図7-5-8　同期モーターの仕組み

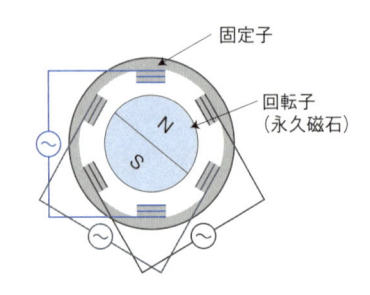

誘導モーターと同期モーターの比較を表7-5-1に示します。

●回生ブレーキ

減速のためにブレーキをかけると、運動エネルギーは全て熱となって捨てられてしまいます。モーターはそのままの構成で発電機としても使うことができます。そこで減速時には、モーターを発電機として使い運動エネルギーを電気に変換して二次電池に蓄電する仕組みを回生ブレーキといいます。純粋電気自動車の場合、通常運転では電費は約10％改善されます。

表7-5-1　誘導モーターと同期モーターの比較

	誘導モーター	同期モーター
効率	≒80％	≒90％
大きさ	基準	やや小型
材料入手性	○	△（レアメタル使用）

図7-5-9　回生ブレーキのしくみ

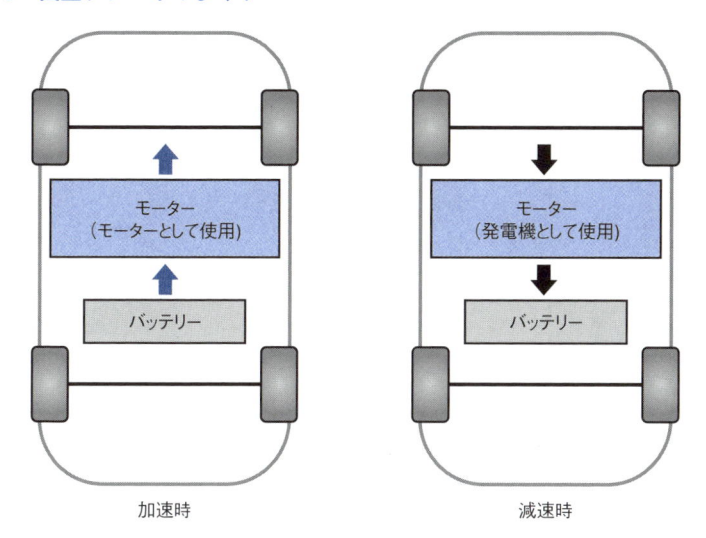

※矢印はエネルギーの流れ

7-6 ハイブリッド車のしくみ

●走行方法による分類

ハイブリッド車は以下の3種類に分けることができます（図7-6-1）。

・シリーズ型

モーターの力だけで走ります。エンジンは、走行時に発電機を回転させ電気を作り出すために使われます。エネルギーの流れはエンジン→発電機→二次電池→モーターと直線的につながっています。

・パラレル型

エンジンが主体ですが発進時や加速時にモーターの力を借ります。バッテリーのみでは走行できません。ホンダが採用しており、ホンダIMAと呼んでいます。電池は比較的小容量ですみます。

・シリーズ・パラレル型

発進時や加速時は主にモーターで走ります。ある程度スピードが上がると、

図 7-6-1　ハイブリッド車の走行方法

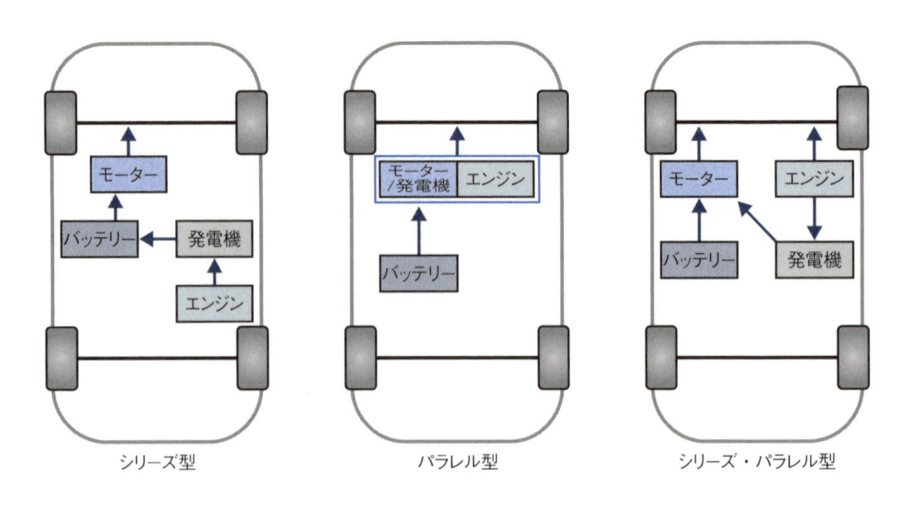

モーターとエンジンの両方の力を使って走行します。プリウスをはじめトヨタ車で採用されています。パラレル型に比べて燃費はよくなりますが、大きな容量の電池が必要になります。

パラレル型のホンダnewインサイトとシリーズパレレル型のnewプリウスの主な仕様を表7-6-1に比較します。プリウスのバッテリー容量は、インサイトの2倍以上で、価格も少し上回ります。しかし排気量が多いにもかかわらず燃費は優れています。またモーター最高出力も大きく上回っています。

●機能による分類

持たせる機能によってハイブリッド車を分類することもできます。

もっとも機能が少なく電池への負担が少ないのは「マイクロハイブリッド」方式で、アイドリングストップ機能と回生ブレーキの機能だけを持ちます。これに始動時や加速時にモーターのパワーがエンジンのパワーをアシストする機能を持たせたのが「マイクロハイブリッド」方式です。さらにこれに、モーターだけで始動や走行ができるなどモーターの力を増したのが「ストロングハイブリッド」方式です。電池にはもっとも高い性能が求められます。野村総研では2020年のハイブリッド車市場は全世界で1100万台くらいに達し、「ストロングハイブリッド」、「マイルドハイブリッド」「マイクロハイブリッ

表7-6-1 代表的ハイブリッド車の仕様

	ホンダ・インサイトG	トヨタ・プリウスG
HV方式	ホンダIMA（パラレル型）	トヨタTHS（シリーズ・パラレル型）
重量	1190kg	1400kg
全長	4390mm	4480mm
エンジン排気量	1300cc	1800cc
価格	193万円	217万円
バッテリー容量	0.58kWh	1.3kWh
モーター最高出力	10.5kW	60kW
JC08燃費	27.2km/l	30.4km/l

ド」で3分割されるだろうと予測しています。

●ガソリン車とハイブリッド車の生涯コストの比較

　ガソリン車とハイブリッド車の両方が販売されているホンダのフィット2車を対象にガソリン車とハイブリッド車の生涯コストを比較してみます。

　　ガソリン車：13Gスマートセレクション　定価132万円
　　ハイブリッド車：ハイブリッドスマートセレクション　定価168万円

　初期コストを比較してみます。車両本体の価格差は36万です。さらにエコカー減税、エコカー補助金の差額を考慮すると、新機購入時にはハイブリッド車のほうが約33万円高くなります。

　次にランニングコストです。ガソリン車の燃費はJC08モードで21lm/l、ハイブリッド車は26.4k/lです。実際の走行ではこれより30％落ちるとして、算出します。ガソリン価格を150円/l、年間走行距離を10000kmとし、さらに重量税を考慮するとハイブリッドカーは年間2万6000円安くなり、初期費用差を14年で取り戻すことができることになります。

●低速運転にパワーを発揮

　ハイブリッド車の特徴のひとつは発進などの低速時に強いパワーを発揮することです。ガソリンエンジンは低速回転になるとパワーが弱くなります。モーターは逆に低速になるほど強い力を発揮します（図7-5-6）。ハイブリッド車はほとんどモーターの力だけで発進することができます。

●アイドリングストップ

　停車時にエンジンをストップすることを　アイドリングストップといいます。ハイブリッド車の省エネ化を実現する技術のひとつです。

　10分のアイドリング時の燃料消費は軽自動車で50cc程度、2000ccクラスで150cc位です。一方エンジンを始動するのに、5秒間のアイドリングに相当する電気エネルギーを使います。5秒以上停車するときにはアイドリングストップが有効ということになります。

　アイドリングストップ機能はバッテリーに従来よりも大きな負荷を強いるため高性能なバッテリーを用いる必要があります。殆どのハイブリッド車で

は高性能なバッテリーを備えているので、アイドリングストップ機能を実現できます。また停止時だけでなく低速になると、アイドリングストップが働くようになり省エネ効果も大きくなりました。

　代表的なハイブリッド車のアイドリングストップの一連の動作は以下のとおりです。
①低速になると自動的にエンジンが停止し、EV モードだけで走行します。
②発進は、スターターモーターでエンジンを始動する方法と、バッテリーから直接駆動モーターを回転する方法があります。
③充電量が少ないときには、アイドリングストップは機能しません
④エアコンを使用しているときには機能しません。

　都市では走行時間のうち、実に25 %が停止状態です。理想的にアイドリングストップがなされれば14 %もの燃費の改善になります。また排気ガスも少なくなり環境にやさしい技術といえます。

●各社のハイブリッド車の状況と今後の戦略

トヨタ：現在（2013年8月）15車種にハイブリッド車を導入しています。2013年8月にはカローラにもハイブリッド車を導入し、2020年には全車種にハイブリッド車を導入する予定です。
ホンダ：1999年にインサイトを発売して以来現在6車種に導入しています。2020年にはハイブリッド車の比率を50 %にまで高める予定です。
日産：少し出遅れましたが、2010年にフーガを発売して以来3車種に導入しています。2015年までに15車種に拡大する予定です。また2015年にはPHV 車を発売する予定です。

7-7 プラグインハイブリッド車のしくみ

　直接コンセントから充電できるハイブリッド車をプラグインハイブリッド車（PHEV あるいは PHV）といいます。トヨタは2009年からプリウスのPHV車を官公庁、自治体向けにリース販売をしてきましたが、2011年11月からは一般向けに価格320万円で受注生産を開始しました。また、2013年1月には三菱自動車もアウトランダーPHEVを価格332万円で発売を開始しました。

● PHV の長短所

　搭載するバッテリーの容量はHV車よりは多く、EV車よりは少なくなっています。バッテリー容量に応じてある一定の距離までEV走行ができます。この範囲では燃費は非常に良好です。遠距離を走行するときには、ガソリンを使って走るので電池切れを心配することなく運転できます。したがって高速給電のための特別なインフラを必要としません。また、EV車に比べて電池が少なくてすむので車両価格が安くなり、家庭用コンセントからも充電できるためランニングコストも安くすみます。さらに、ハイブリッド車で用いられた回生ブレーキやアイドリングストップなどの省エネ技術も備えることができます。

　一方で短所として、ハイブリッドカーに比べ大容量の電池を必要とするため車両価格が高くなります。また、バッテリーに加えエンジンと駆動系が必要なためコストや重量がかさむほか、居住スペースが狭くなります。さらにマンションなどの共同住宅では、給電のためのコンセントが使えない場合があります。

● PHV と HV、EV の比較

　代表的なPHV車であるプリウスPHV、三菱アウトランダーPHEVをハイブリッド車である3代目プリウス、日産のEV車リーフと比較してみます（表7-7-1）。
　プリウスPHVとアウトランダーPHEVを比べてみると、同じPHVであり

表 7-7-1　PHV と HV、EV の比較

車種	トヨタ プリウス PHV・L	三菱 アウトランダー PHEV・E	トヨタ プリウス（3代目）・G	日産 リーフ・S
価格	305万円	332万円	217万円	328万円
駆動	PHV	PHV（4WD）	HV	EV
重量	1675kg	1770kg	1400kg	1520kg
全長	4480mm	4655mm	4480mm	4445mm
エンジン排気量	1800cc	2400cc	1800cc	
モーター最高出力	73KW	60KW×2台	60kW	80kW
燃費（JC08）	61km/l	60.2km/l	30.4km/l	―
電池容量	4.5kWh	12kWh	1.3kWh	24kWh
EV走行距離	23.4km	60.2km		200km

ながら大きな違いがあることがわかります。アウトランダーが搭載している電池の容量はプリウスPHVの約3倍です。プリウスPHVは電池の容量のわりにモーター出力が大きく出力重視の設計になっています。アウトランダーはPHV車でありながら、EV車のリーフの半分もの電池を搭載しています。

各車の充電時間を表7-7-2に示します。普通充電では200Vで充電する場合の時間を記載しています。100V充電ではこの倍の時間になります。急速充電で100%まで充電すると電池寿命を縮めてしまいます。一般的には80%充電で停止します。プリウスPHVは急速充電には対応していません。

● PHV の走行モード

買い物や通勤などの近距離では充電した電気だけのEV走行で走ります。

表 7-7-2　PHV と HV、EV の充電時間

	電池容量	充電時間	
		200V100%充電	急速充電（80%）充電
リーフ	24kWh	8時間	30分
アウトランダー PHEV	12kWh	4.5時間	30分
プリウスPHV	4.5kWh	1.5時間	未対応

遠出の走行では、電池の残量が十分にあるときは主にEVによる走行、残量が少なくなるとHV走行となります。PHVは純粋電気自動車に比べて電気容量が少ないため、きめ細かくバッテリーをコントロールする必要があります。また同じPHVであっても搭載している電池容量によって走行方法はかなり異なります。プリウスPHVとアウトランダーPHEVのそれぞれについて説明します。

・**プリウスPHVの走行モード**

電池に充分充電された状態ではEV走行が主体になります（図7-7-1）。SOC（蓄電状態：State Of Charge）が50％位に減少するとガソリン走行が主体になります。50％を中心にして上下±10％位の狭い範囲で、回生ブレーキによる充電、発進による放電を繰り返します。

回生ブレーキシステムではブレーキをかけたときにエネルギーが効率良く受け取れるように、SOCを100％ではなく80％以下におさえておく必要があります。発進時にはモーターが十分な力を出せるように、最低限20％位のSOCを残しておく必要があります。

・**アウトランダーPHEVの走行モード**

プリウスPHVよりも電池容量が多いので、余裕を持って制御することができます。バッテリーセーブスイッチとバッテリーチャージスイッチを備えマ

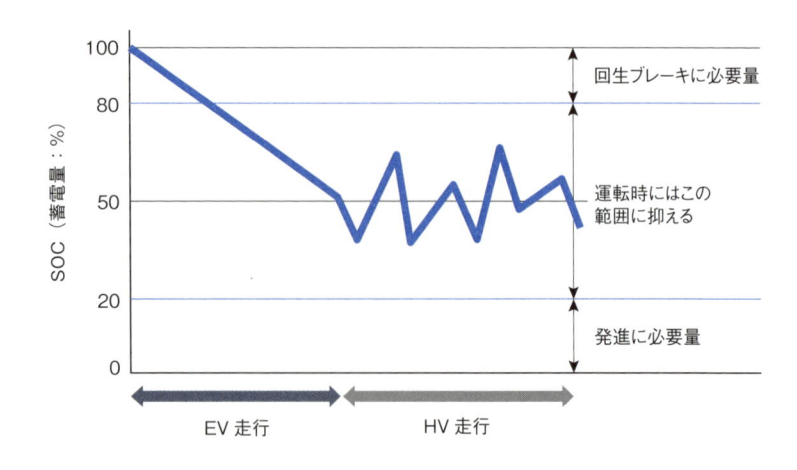

図7-7-1　プリウスPHVの走行モード

ニュアルでもコントロールできます（図7-7-2）。充電量が充分にある間はEV走行で走り、充電残量が一定量よりも減るとHV走行に移行します。電池容量が多いのでＥＶ走行できる範囲が広くなります（図7-7-3）。

マニュアルスイッチは次のようにモードを設定することができます。
バッテリーセーブスイッチ：バッテリー残量を減らしたくないときに選択します。出先でバッテリーから外部に給電したいときなどに使用します。
バッテリーチャージスイッチ：走行中に積極的に発電し、バッテリーの蓄電量を増やします。

図 7-7-2　アウトランダー PHEV の走行切り替えスイッチ（三菱自動車）

図 7-7-3　アウトランダー PHEV の走行モード（三菱自動車）

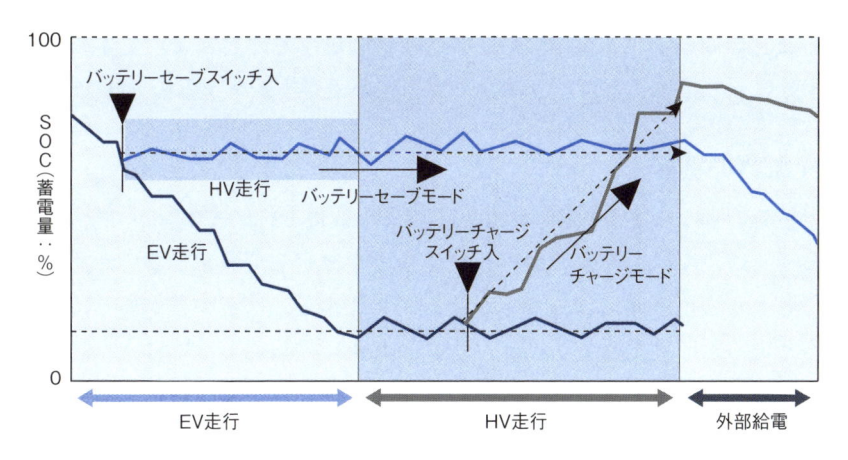

7-8 バッテリーマネージメントシステム

●バッテリーマネージメントシステムとは

バッテリーマネージメントシステムは個々のセル、モジュール、あるいはシステム全体を的確に管理し、バッテリー全体を安全にかつ十分な性能を引き出す役目をします。普通はバッテリーパックに搭載されています。

●走行時の機能

リチウムイオン電池は正極・負極の材料の不安定性に加えて電解質も可燃性であり、他の電池に比べて危険性が高い電池です。正しい使い方をしないと事故につながります。特に自動車は衝突の可能性があり、破壊しない構成にすることはもちろん、万が一破壊しても火災や爆発に至らない構造としなければなりません。

また使い方を間違えると、電池寿命が短くなったり、本来の走行距離が確保できない、発進時の出力が弱くなる、さらには回生ブレーキの効率が悪くなるなどの問題が生じます。絶えず適切に制御することによって本来の性能を十分に引き出すことがバッテリーマネージメントシステムの仕事です。

●充電時の機能

走行時のみならず、充電時にもさまざまな監視を行います。

セルレベルでは各セルの温度、電圧などを測定して異常がないか診断したり、各セルの電圧間にばらつきがないかを監視し、ばらつきがあれば均一化するといったことを行います。パックレベルでの機能としては、パックとしての総電圧、電流を測定し、異常がないか診断し、またパックとしてのSOC（蓄電状態：State Of Charge）を計算します。

車両制御装置との通信機能が設けられており、こうして得られたセルレベル、パックレベルでの測定値を車両制御装置に送ったり、また車両制御装置からの命令を受け、セルあるいはパックをコントロールします。

● **バッテリーマネージメントシステムの実例**

プライムアースEVエナジー社のバッテリーパックを図7-8-1に示します。バッテリーモジュール、バッテリーマネージメントシステム、冷却システムが一体化されています。温度、電圧、電流を測定するセンサーを備えています。これらの値を元にして車両に適切な電気エネルギーを送り出します。また逆に車両からの情報を受け取ってバッテリーを制御します。

個々のセルの電圧や温度の測定は電池監視ICが担っています。

図7-8-1　バッテリーパック（プライムアースEVエナジー）

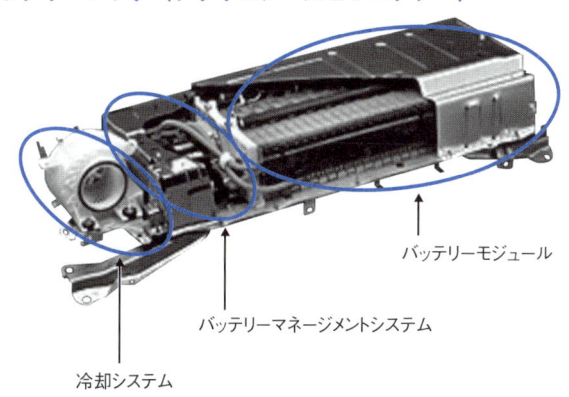

バッテリーモジュール
バッテリーマネージメントシステム
冷却システム

Column
ボーイング787機搭載のリチウムイオン電池の発火

2013年1月7日の日本航空008便、同月16日の全日本空輸692便と相次いでリチウムイオン電池から出火するという事故が起きました。いずれもボーイング787機です。幸いにも最悪の事態は免れましたが、輸送手段における安全性確保の重要性を再認識させられました。

8個のセルのうちの1個がショートし熱暴走を起こし他のセルに波及したとのことです。本来は1個のセルが熱暴走を起こしても他のセルには波及しない構造になっているはずですがなんらかの原因により発火してしまいました。現在（2013年8月）も原因解明作業が続けられていますが困難な状況です。

7-9 電気自動車用電池の現状

●リチウム電池が主人公に

1997年にニッケル水素電池を搭載した初代プリウスが登場しました。

その後リチウムイオン電池の性能が向上し価格も下がり、2011年にはリチウムイオン電池の販売数量がニッケル水素電池を追い抜きました。ニッケル水素電池の出力密度が1200W/kg程度であるのに対して、現在のリチウムイオン電池の出力密度は3500～4000W/kgと約3倍以上となっています。

日立製作所によるリチウムイオン電池のロードマップを図7-9-1に示します。まだまだ改良が期待されます。HV用には発進性能、加速性能を左右するパワー密度の向上が求められ、EV用には走行距離を伸ばすためにエネルギー密度の向上が求められます。

●電池パックの構造

単体の電池をセルといいます。セルが集まってモジュールを構成します。

図7-9-1　リチウムイオンイオン電池のロードマップ（日立HP）

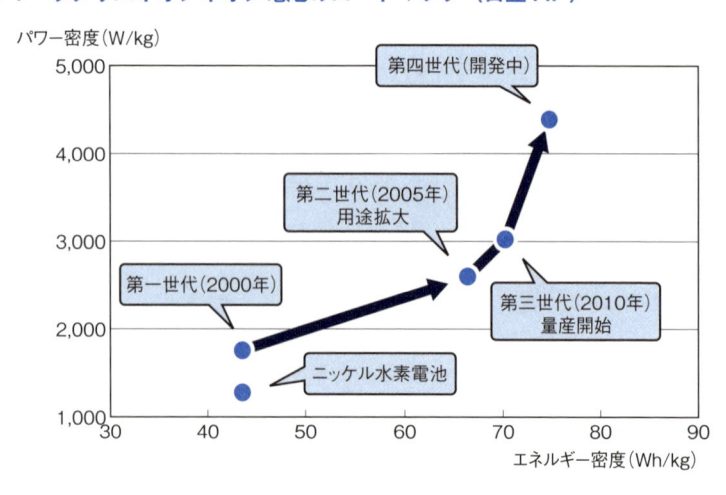

モジュールをまとめてパックを構成し、電池パックの形で自動車に搭載されます。図7-9-2にi-MiEVに搭載されているセル、モジュール、パックの外観を、表7-9-1にそれらの仕様を示します。4個のセルを直列に接続して1モジュールを構成し、さらに22個のモジュールを直列接続してパックを形成します。

セルには角型以外にラミネート型（図7-5-2）、円筒型があります。ラミネート形は放熱特性が良く、薄型軽量化に有利です。角型はスペース効率が良いという特徴があります。円筒型は民生用を流用できる可能性があります。EV用は、安全性、サイクル寿命を考慮し、スマートフォンなどの民生用に比べて電気容量密度を30％ほど低めに抑えています。

図7-9-2　i-MiEV搭載のセル、モジュール、パック（三菱自動車）

セル　　　　　　モジュール

パック

表7-9-1　i-MiEV搭載の電池仕様（三菱自動車）

	セル	モジュール	パック
電圧	3.7V	14.8V（セル4個直列）	330V（モジュール22個直列）
容量	0.185kWh	0.74kWh	16kWh
重量	1.7kg	7.5kg	200kg

7-10 車用電池メーカーと得意分野

●主な国内電池メーカー

　電気自動車の開発にとって電池は性能、コストを大きく左右する最重要パーツです。自動車メーカーは電池技術を取り込んで競争力のある自動車を開発したいという意向があり、電池メーカーにとっても非常に大きな市場の見込める分野です。従来の企業間での単なる提携だけではでは不十分であり、より強い絆を求めて、合弁で新しい会社を創設する動きが強くなりました。既存メーカーとともにこれらの新しい合弁企業を紹介します（表7-10-1）。

・プライムアースEVエナジー

　トヨタとパナソニックの合弁企業です。トヨタの主力車であるプリウスやアクア用電池を供給しており、トップの電池メーカーです。特にニッケル水素電池では非常に大きなシェアを占めています。

・エナジー社

　パナソニックグループの会社です。ニッケル水素電池ではプライムアースEVエナジーとエナジー社でほとんどを独占しています。ホンダのインサイトやフィットのハイブリッド車、トヨタのプリウスPHV用にリチウムイオン電池を提供しています。

表7-10-1　電池メーカーとその出資会社

企業名	出資会社		
	電池メーカー	自動車メーカー	その他
プライムアースEVエナジー	パナソニック	トヨタ	
エナジー社	パナソニック		
ブルーエナジー	GSユアサ	ホンダ	
オートモティブエナジーサプライ（AESC）	NEC	日産	
リチウムエナジージャパン（LEJ）	GSユアサ	三菱自動車	三菱商事
日立ビーグルエナジー	日立マクセル		日立
	新神戸電機		
東芝			

- **ブルーエナジー社**

  GSユアサとホンダの合弁会社です。米国向けシビック用のリチウムイオン電池を提供しています。

- **オートモティブエナジーサプライ(AESC)**

  NECと日産の合弁会社です。日産のリーフEV、フーガHV、スバルのプラグインステラ用リチウムイオン電池を供給しています。

- **リチウムエナジージャパン(LEJ)**

  GSユアサ、三菱商事、三菱自動車の合弁会社です。i-MiEV用リチウムイオン電池を提供しています。

- **日立ビーグルエナジー**

  日立製作所、新神戸電機、日立マクセルの合弁企業です。JRの車両用およびGMにリチウムイオン電池を供給しています。

- **東芝**

  三菱のi-MiEV「M」、ホンダフィットEV用にSCiB電池を提供しています。

●車載用リチウムイオン電池

民生用リチウムイオン電池の主流は正極に$LiCoO_2$を用いたものですが、コバルトの価格が高く、自動車用ではあまり用いられていません。代わって原材料費が安い$LiMn_2O_4$を正極剤とした電池が多く用いられています。オートモティブエナジー、リチウエナジージャパン、日立ビーグルエナジーなどが採用しています。$LiMn_2O_4$はスピネル構造をしており、過充電になっても結晶構造が変化せず非常に安定で熱暴走をしないという特徴があります。

ブルーエナジー、パナソニックではコバルトの一部をニッケルとマンガンで置き換えた3元系のリチウム化合物$LiCo_{1/3}Ni_{1/3}Mn_{1/3}O_2$を用いています。この電池も非常に安定です。原材料費としてはMn系よりも高くなりますが、容量は上回ります。

東芝のSCiB電池もマンガンスピネルを正極としていますが、負極にはチタン酸リチウムを用いています。サイクルタイム寿命が6000回、5～6分の急速充電が可能などの特徴があります。なお、それぞれの電池についての詳細は4章を参照してください。

7-11 充電方法と充電スポット

　EV車を充電するには、一般家庭で使える普通充電と充電スポットで使える急速充電があります。

●普通充電

　普通充電は100Vあるいは200Vの交流電力で行います。
　リーフには普通充電用の充電器が内蔵されており、その出力は3.3kW、効率90%です。この充電器を使って24kWhの電池をフル充電するには、200V、15A（3kW）の電力を8時間流すことになります。2013年1月に日産は、北米向けのリーフについては6.6kWの充電器を搭載すると発表しました。これだと充電時間は半分の4時間となります。

●急速充電

　急速充電は充電スポットで行います。充電器の出力に応じて充電時間が左右されます。CHAdeMO[注]の規格では最大62.5kWです。実際の充電器の多くは50kW以下です。急速充電でフル充電をすると電池にダメージを与えてしまうので実際は80%にとどめます。リーフの場合には約30分で80%充電に到達します。急速充電器は80%充電に達した時点、あるいは30分経過した時点で止まるようになっています。

●長持ちさせる充電方法

　リーフの充電にはロングライフモードというのがあります。ロングライフモードを使うと普通充電でもフル充電の8割で充電がストップし、電池が長持ちします。また充電回数は少ない方がよく、3、4割使用して充電するより、7、8割使用してから充電した方が長持ちします。しかし使い切ってしまうの

※注：CHAdeMOとは、国内の自動車メーカー及び東京電力が協議会を結成し定めた規格です。急速充電の最大出力を62.5kWと電力だけを規定しているのは、電圧の異なる国々も導入しやすくするためです。

はあまりよくありません。空もしくは満充電で長期間放置することも劣化につながります。

図 7-11-1　急速充電器（日産）

● **充電スポットの設置計画**

EV車が普及するためには充電インフラの充実が不可欠です。2013年6月現在、普通充電器は6500箇所、急速充電器（図7-11-1）は1900箇所に設置されています。政府は2020年までに普通充電器を200万基、急速充電器を5000基設置する計画です。日産自動車と三菱自動車は協力関係を結んでおり、互いのディーラーで充電できます。

日産はEVに蓄えられた電気を家電機器に使えるLEAF to Homeというシステムを提案しています。電力の豊富な夜間電力をEVに蓄えて、不足しがちな昼間に利用することができます。

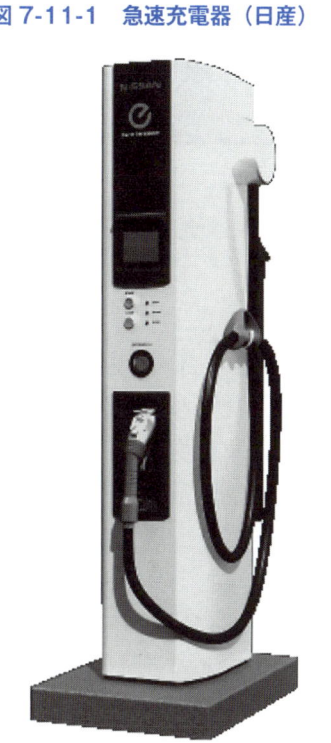

Column
CHAdeMOとコンボの規格争い

アメリカ、ヨーロッパではコンボという規格を採用する動きもあり。日・米・欧での規格争いが生じつつあります。実績ではCHAdeMOがはるかに先行していますが、コンボは普通充電と急速充電のプラグが一体化しているという便利さがあります。

また、米・欧は日本に先行されたEV市場を巻き返すために、コンボ規格を推し進めているという見方をする人もいます。

7-12 ワイヤレス充電

●ワイヤレス充電方式

　充電をワイヤレスで行うための研究も盛んに行われています。雨の日にも手軽に給油できます。ガソリン車では不可能で、EVでこそ実現できる技術です。電磁誘導方式と磁界共鳴方式（4-17参照）が検討されています。

　日産が開発中した電磁誘導方式のしくみを図7-12-1に示します。地上送電ユニットと車載受電ユニットにはそれぞれコイルが配置され、送電ユニットのコイルに交流電流を流すことによって、受電ユニットのコイルに誘導電流が流れます。最大出力が6kWなので、家庭用200Vでの充電が可能ということになります。ナビ画面で駐車位置を指定するとステアリングが自動的に回転し目標位置に停止することができます。充電効率は80～90％で、ケーブルで充電するときと同じです。

　三菱自動車は2013年3月ジュネーブの国際モーターショーで、米WiTricity社およびIHIとの共同研究によって開発した磁界共鳴方式のワイヤレス充電器を発表しました。

●走行中充電

　走行中給電が可能となれば、EVの最大の問題である2次電池の負担が格段に軽くなり普及に一挙と弾みがつきます。

図7-12-1　ワイヤレス充電システム（日産）

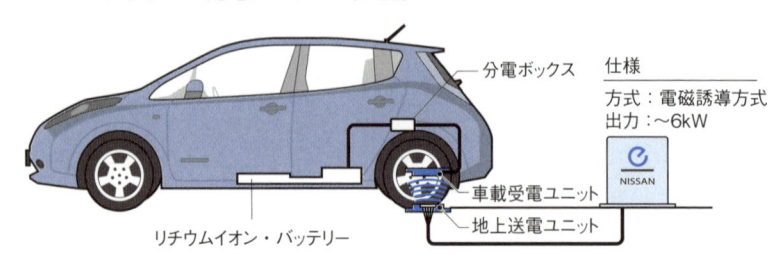

仕様
方式：電磁誘導方式
出力：～6kW

Column
公共交通用電動バスとワイヤレス充電の研究

　早稲田大学の紙屋教授らのグループは電動バスの研究を行っています（図7-12-A）。従来のEVは大容量バッテリーを搭載して航続距離を長くすることを目的としていましたが、紙屋教授らは10km位のルートを走行するたびに10～15分の継ぎ足し充電をすることによって定常的に運行できるバスの実現を目的としています。運転手の負担を減らすためにワイヤレス充電を採用しています。試作バスは32人乗り、バッテリーは35kWhのリチウムイオン電池、ワイヤレス充電器は30KW出力です。

図7-12-A　電動バス（紙屋研究室HP）

　NEDOは、2015年ごろに街中の交差点付近で実験を始め、2020年には市街地で実用化、2050年ごろには高速道路への拡大を目指す計画を立てています。走行中充電の開発状況をいくつか紹介します。

・**TDK**

　電磁共鳴型の研究を進めています。3D給電システムと呼んでいます。給電システムを道路に並べて埋め込み、走行中の電気自動車に給電します。CEATEC2011では、模型自動車を使ったデモを実施しました。円形コースの一部分にコイルを埋め込んだ充電領域を設け、その領域で走行しながら充電

できるようになっており、ずっとコースを走り続けることができるというシステムです。

・豊橋科学技術大

　コイルを用いないでタイヤを経由して給電する方式の研究を進めています（図7-12-2）。道路に埋め込んだ電極とタイヤの中のスチールベルトの間でコンデンサーを形成します。コンデンサーには直流は流れませんが、交流は流れるという性質があります。道路に埋め込んだ電極に高周波の電流を流すと、電流が道路のアスファルト、ゴムタイヤを経由してスチールベルトに流れます。コイルが不要で非常にシンプルなシステムです。給電電力50W、効率76％を得ています。

・昭和飛行機工業

　電磁誘導方式の走行中給電システムの開発を進めています。路面からの給電方式の他に側壁からの給電方式も検討しています。側壁からの給電では、コイル間の距離が長くなり、技術面では困難を伴いますが、設置コストは安くてすみます。

図 7-12-2　タイヤ経由走行給電（豊橋科学技術大大平研究室 HP）

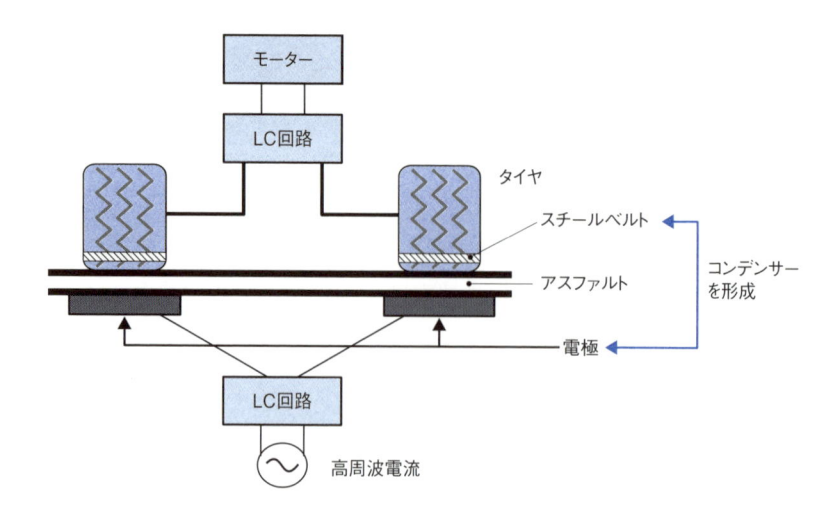

■**参考文献**

【書籍】
『ユーザーのための電池読本』高村勉、佐藤裕一 著／電子情報通信学会 1998年
『燃料電池のすべて』池田宏之助 著／日本実業出版社 2001年
『電気化学入門』渡辺正、片山端 著／日刊工業新聞社 2010年
『トコトンやさしい2次電池の本』細田篠 著／日刊工業新聞社 2010年
『太陽電池&太陽光発電のしくみがよくわかる本』山口真史 監修、PV普及研究会 著／技術評論社 2010年
『電池システム技術』電気学会・移動体用エネルギーストレージシステム技術調査専門委員会編／オーム社 2012年
『電池が一番わかる』京極一樹 著／技術評論社 2010年
『新しい電池の科学』梅尾良之 著／講談社 2006年
『よくわかる電池』／三洋電機 監修／日本実事業出版社 2006年
『電池のはなし』池田宏之助、武島源二、梅尾良之著／日本実業出版社 1996年
『太陽電池のキホン』佐藤勝昭 著／ソフトバンククリエイティブ 2011年
『太陽電池のすべてがわかる本』大和田善久 監修／ナツメ社 2011年
『よくわかる電池の基本と仕組み』松下電池工業株式会社 監修／秀和システム 2005年
『最新実用2次電池』日本電池 編／日刊工業新聞 1999年
『化合物薄膜太陽電池の最新技術』和田隆博 著／CMC出版 2007年
「全固体電池の最前線」辰巳砂昌弘、林晃敏著／『月刊化学』2012年(67巻)7月号 化学同人

【Web】
多くのホームページを参考にさせていただきました。代表的なページだけ記します。
・電池工業会(http://www.baj.or.jp/)
・産業技術総合研究所(http://www.aist.go.jp)
・NEDO(http://www.nedo.go.jp)
・ときわ台学(http://www.f-denshi.com/000TokiwaJPN/35chmth/000chmth.html)
・パナソニック(https://industrial.panasonic.com/www-data/pdf/AAA4000/AAA4000PJ12.pdf)
・経済産業省資料(http://www.meti.go.jp/policy/economy/gijutsu_kakushin/kenkyu_kaihatu/str2010/a6_3.pdf)
・デジタルリサーチ(http://www.digital-research.co.jp/fuelcell_outlook2011.pdf)
・日立マクセル(http://biz.maxell.com/ja/tech_detail/?tci=9&tn=pb0001t)

用語索引

記号・数字

- ⊿V 制御 ･････････････････････････101, 114
- 006P ････････････････････････････････ 56
- 3 接合型太陽電池 ･･････････････････202, 209

アルファベット

- A4WP ････････････････････････････････147
- AFC ･････････････････････････････････159
- AFC エナジー ･･････････････････････････161
- Ah ･･････････････････････････････････ 23
- B9Coal ･･････････････････････････････161
- BMW ････････････････････････････････144
- BYD ･････････････････････････････････126
- CdTe ･････････････････････････181, 193, 199, 208
- CHAdeMO ････････････････････････････244
- CIS/CIGS ･･･････････････････････181, 193, 199, 208
- CycleEnergy ･･････････････････････････112
- DMFC ･･･････････････････････････････159
- DOE ･････････････････････････････････197
- ecoful ･･･････････････････････････････112
- Electrochem ･･････････････････････････ 90
- Energizer ････････････････････････････ 91
- EV ･･････････････････････････････18, 216, 219
- FCV ･････････････････････････････････216
- FDK ･････････････････････････････････ 83
- GaAs ･････････････････････････193, 199, 208
- GigaEnergy ･･･････････････････････････ 72
- GS ユアサ ･････････････････････････156, 242
- HIT ･･････････････････････････････196, 199, 207
- HV/HEV ･････････････････････････････216, 219
- IBM ･････････････････････････････142, 144
- IDC-Japan ･･･････････････････････････220
- IEC ･････････････････････････････････ 56
- i-MiEV ･･････････････････････128, 219, 223, 241
- InGaP/（In）GaAs/Ge ･････････････････202
- i 型 ･････････････････････････････････206
- JIS ･･････････････････････････････････ 56
- JX 日鉱日石エネルギー ･･････････････････175
- K.M.Abraham ････････････････････････142
- LEAF to HOME ･･････････････････････245
- LiB/LIB ･････････････････････････････118
- $LiCo_{1/3}Ni_{1/3}Mn_{1/3}O_2$ ･･････････････126, 243
- $LiCoO_2$ ･･･････････････････････････126, 243
- $LiFePO_4$ ･･････････････････････････････126
- $LiMn_2O_4$ ･･････････････････････････126, 243
- $LiNi_{0.8}CO_{0.15}Al_{0.05}O_2$ ･･･････････････126
- LP ガス協会 ･･･････････････････････････157
- MCFC ･･･････････････････････････････159
- MEA ････････････････････････････163, 171
- NAS 電池 ････････････････････････････134
- NEC ･････････････････････････････95, 242
- NEDO ･･････････････････････13, 119, 185, 197
- NEDO- ロードマップ ････････････････････ 19
- Ni-MH ･･････････････････････････････112
- NOPOPO ････････････････････････････ 92
- n 型半導体 ･･･････････････････････････190
- PEFC ････････････････････････････････159
- PEV ･････････････････････････････････216
- PHV/PHEV ･･････････････････216, 219, 234
- pn 接合 ･･････････････････････････････192
- POWER アルカリ EX ･･････････････････ 67
- PV2030/PV2030+ ････････････････････185
- p 型半導体 ･･･････････････････････････190
- Qi 規格 ･･････････････････････････････147
- Q セルズ ････････････････････････････183
- RAFC ･･･････････････････････････････159
- SCiB ･･･････････････････････125, 128, 223
- SOFC ･･･････････････････････････････159
- TDK ･････････････････････････････････247
- UTCPower ･･･････････････････････････157
- Wh ･･････････････････････････････････ 23
- WPC ････････････････････････････････147

ア行

- アイドリングストップ ･･････････････････109, 232
- アイリスオーヤマ ･･････････････････････ 13
- アウトランダー PHEV ･･･････････････････234
- 青マンガン ･･･････････････････････････ 64

赤マンガン	64
アクアフェアリー	172
アクセプター	191
圧電素子	94
アポロ 11 号	160
アモルファスシリコン	181, 193, 195, 199, 205
アモルファスシリコン / 微結晶シリコン接合型	207
アルカリ型燃料電池	159, 160
アルカリ乾電池	21, 54, 57, 59, 60, 66
アルカリ電池	39, 60, 63, 91
アルカリ二次電池	110, 113
アルカリボタン電池	21
アルミニウム空気電池	79, 143
アレイ	186
イオン	34
イオン化傾向	44
イオン化列	44
石川島播磨重工業	166
一次電池	20, 53, 60, 54
一次電池 - 市場	54
一次電池 - 種類	54
イリノイ大学	125
インサイト	231
インサイドアウト構造	82
インパルス	67
インリー	183
ウィリアム・グローブ	150
ウルトラリチウム	89
液漏れ	58
エジソン	98
エナジー社	242
エネファーム	174
エネルギー効率	152
エネルギー容量	23, 39
エネループ	112
エボルタ	67, 69
塩化チオニルリチウム電池	57, 80, 88, 91
塩橋	43
円筒型	55, 56, 88, 90, 140
エントロピー	40
大阪ガス	175
大阪府立大学	135, 145
オキシライド乾電池	72
汚泥処理システム	163
オートモティブエナジーサプライ	242
オフサイト型	155
オンサイト型	150, 155

カ行

改質 / 改質器	154
海水電池	93
回生システム	140
回生ブレーキ	225, 229
開放型	108
化学エネルギー	40
化学電池	20
角型	55, 56
拡散分極	47, 153
化合物半導体太陽電池	181, 196, 199, 208
価数	35
ガスナー	32
ガソリン車 - 出力特性	226
価電子帯	35, 190
活性化エネルギー	47
活性化分極	47, 153
活物質	38
カナディアンソーラー	186
過放電	58, 100
カーボンナノファイバー	49
ガルバーニ	10, 26
カレンダー寿命	24
乾電池	56
起電力	41
ギブズエネルギー / ギブズ自由エネルギー	40
逆電流	58
吸収係数	195
球状シリコン	203
急速充電	100, 244
金属リチウム二次電池	132
空気亜鉛電池	21, 54, 57, 60, 61, 63, 76
空気極	151
空気電池	21, 57, 59, 78, 142
グラステクソーラー	181
クラッド式	106
グラファイト	123
クリーンベンチャー 21	203
グリッドパリティ	185
黒マンガン	64
群馬大学	172
慶応大学	94

結晶シリコン	194, 195
ゲル化ポリマー電解質	51
減極剤	32
コイン型	55, 56, 60, 83, 88
高エネルギー加速器研究機構	131
公称電圧	22, 57, 63
交流磁石式同期モーター	221, 222, 223
国際電気標準会議	56
コージェネレーション	156
固体高分子型燃料電池	158, 159, 167, 170, 175, 176, 177
固体電解質	51, 81
固定価格買取制度	13, 184
コバルト酸リチウム	120
コールマン	13
コンボ	245

サ行

サイクル充電	102
サイクル寿命	24, 117
サムスンSDI	17
サルフェーション	105
酸化・還元反応	36
酸化銀電池	21, 54, 57, 59, 60, 61, 63, 74
酸化銀リチウム電池	57, 60, 80, 91
産業技術総合研究所	161, 168
サンシャイン計画	150
酸素極	151
サンテックパワー	183
三洋電機	98, 112, 118
シール型	108
ジェミニ5号	150, 170
磁気共鳴	147, 246
色素増感型太陽電池	181, 196, 199, 210
式量電位	44
自己熱改質法	154
システムインテグレーター	187
持続時間	69
湿電池	55
四方型	88
シャープ	181, 183, 209
集光型太陽電池	199, 202
充電	99, 100, 124
集電体	49, 52, 65
充電式IMPULSE	112
充電式アルカリ電池	70
充電式エボルタ	112
充電式扇風機	12
充電式テレビ	11
充電スポット	244
充電容量	101
出力	24, 48
首都大学	133
純粋電気自動車	216, 219
使用推奨期限	59, 69
昭和電線ケーブルシステム	95
昭和飛行機工業	248
触媒	49, 154
シリコン系太陽電池	204, 181
新神戸電機	242
真性半導体	190
水銀	47
水銀電池	60
水蒸気改質法	154
水素吸蔵合金	113
スズデン	76
スタック	151
スタック型	196
スタミナ	67
スタンバイ充電	102
スタンフォード大学	127
ストロングハイブリッド	231
スパイラル構造	82
スーパーレドックスキャパシタ	141
スマートプラス	187
住友電気工業	137
正極	37
正極合剤	65
制御式	108
セイコーインスツル	93, 140
正孔	191
生物電池	20
整流子モーター	228
積層型	57, 196
セパレーター	52, 127
ゼーベック効果	94
セル	151, 186, 240
全固体電池	130
全固体ナトリウム蓄電池	135
走行中充電	246
ソニー	17, 67, 72, 74, 112, 118, 178

用語索引

ソニー・エナジー・テック ・・・・・・・・・・・・・・・ 98

タ行

太陽光スペクトル分布 ・・・・・・・・・・・・・・・・・・・ 194
太陽光発電量 ・・・・・・・・・・・・・・・・・・・・・・・・・・・ 188
太陽電池 ・・・・・・・・・・・・・・・・・・・・・・・・・ 21, 179
太陽電池 - 温度特性 ・・・・・・・・・・・・・・・・・・・・・ 201
太陽電池 - 市場 ・・・・・・・・・・・・・・・・・・・ 182, 184
太陽電池 - 種類別シェア ・・・・・・・・・・・・・・・・・ 197
太陽電池 - 変換効率 ・・・・・・・・・・・・・・・・・・・・・ 198
太陽電池 - メーカー別シェア ・・・・・・・・・・・・・・ 183
太陽電池 - 歴史 ・・・・・・・・・・・・・・・・・・・・・・・・ 180
ダイレクトメタノール型燃料電池 ・・・・・・ 159, 172
多結晶シリコン ・・・・・・・・・・・・・・ 196, 199, 205
多接合型太陽電池 ・・・・・・・・・・・・・・・・・ 196, 199
ダニエル / ダニエル電池 ・・・・・・・・・・・・・・ 10, 30
単結晶シリコン ・・・・・・・・ 181, 196, 199, 204, 193
タンデム型 ・・・・・・・・・・・・・・・・・・・・・・・ 196, 199
蓄電システム ・・・・・・・・・・・・・・・・・・・・・・・・・・・ 19
チタン酸カーボンリチウム二次電池 ・・・・・・・・・ 133
チタン酸リチウム ・・・・・・・・・・・・・・・・・・ 127, 128
中部電力 ・・・・・・・・・・・・・・・・・・・・・・・・・・・・・ 166
超先端電子技術開発機構 ・・・・・・・・・・・・・・・・・ 213
追尾装置 ・・・・・・・・・・・・・・・・・・・・・・・・・・・・・ 203
抵抗分極 ・・・・・・・・・・・・・・・・・・・・・・・・・ 46, 153
定電圧充電 ・・・・・・・・・・・・・・・・・・・・・・・・・・・ 102
定電流充電 ・・・・・・・・・・・・・・・・・・・・・・・・・・・ 102
定電流・定電圧充電 ・・・・・・・・・・・・・・・・・・・・・ 102
テキスチャー構造 ・・・・・・・・・・・・・・・・・・・・・・ 198
デル ・・・・・・・・・・・・・・・・・・・・・・・・・・・・・・・・・・ 11
電解液 ・・・・・・・・・・・・・・・・・ 51, 81, 83, 87, 127
電解質 ・・・・・・・・・・・・・・・・・・・・・・・・ 50, 93, 158
電気自動車 ・・・・・・・・・・・・・ 13, 18, 215, 222, 223
電気自動車 - 効率 ・・・・・・・・・・・・・・・・・・・・・・ 224
電気自動車 - 市場 ・・・・・・・・・・・・・・・・・・・・・・ 219
電気自動車 - 出力特性 ・・・・・・・・・・・・・・・・・・・ 226
電気自動車 - 歴史 ・・・・・・・・・・・・・・・・・・・・・・ 218
電気導電率 ・・・・・・・・・・・・・・・・・・・・・・・・・・・・ 50
電気二重層キャパシター ・・・・・・・・・・・・・ 21, 138
電気容量 ・・・・・・・・・・・・・・・・・・・・・・ 23, 61, 101
電極電位 ・・・・・・・・・・・・・・・・・・・・・・・・・・・・・・ 42
電磁誘導 ・・・・・・・・・・・・・・・・・・・・・・・・ 146, 246
電池 - 売り上げ推移 ・・・・・・・・・・・・・・・・・・・・・ 14
電池 - 誤飲 ・・・・・・・・・・・・・・・・・・・・・・・・・・・・ 62
電池 - 市場 ・・・・・・・・・・・・・・・・・・・・・・・・・・・・ 14
電池 - 表記法 ・・・・・・・・・・・・・・・・・・・・・・・・・・ 37
電動アシスト自転車 ・・・・・・・・・・・・・・・・・・・・ 113
伝導帯 ・・・・・・・・・・・・・・・・・・・・・・・・・・・ 35, 190
電動バス ・・・・・・・・・・・・・・・・・・・・・・・・・・・・・ 247
デントライト ・・・・・・・・・・・・・・・・・・・・・・・・・ 132
電波方式 ・・・・・・・・・・・・・・・・・・・・・・・・・・・・・ 147
電流容量 ・・・・・・・・・・・・・・・・・・・・・・・・・・ 23, 38
電力容量 ・・・・・・・・・・・・・・・・・・・・・・・・・・ 23, 38
電力量 ・・・・・・・・・・・・・・・・・・・・・・・・・・・・・・・・ 23
同期モーター ・・・・・・・・・・・・・・・・・・・・・・・・・ 228
東京電力 ・・・・・・・・・・・・・・・・・・・・・・・・・・・・・ 134
東京農工大学 ・・・・・・・・・・・・・・・・・・・・・・・・・ 141
東工大（東京工業大学）・・・・・・・・・・・・・ 131, 161
東芝 ・・・・・・ 11, 67, 72, 89, 112, 125, 128, 204, 223, 242
東芝ホームテクノ ・・・・・・・・・・・・・・・・・・・・・・・ 12
東大（東京大学）・・・・・・・・・・・・・・・・・・ 211, 212
導電助剤 ・・・・・・・・・・・・・・・・・・・・・・・・・ 49, 65
東北大学 ・・・・・・・・・・・・・・・・・・・・・ 95, 145, 213
ドナー ・・・・・・・・・・・・・・・・・・・・・・・・・・・・・・ 191
トヨタ ・・・ 131, 142, 144, 145, 177, 218, 221, 231, 233, 234, 242
豊橋科学技術大学 ・・・・・・・・・・・・・・・・・・・・・・ 248
ドライポリマー電解質 ・・・・・・・・・・・・・・・・・・・ 52
トリクル充電 ・・・・・・・・・・・・・・・・・・・・・・・・・ 102

ナ行

内部抵抗 ・・・・・・・・・・・・・・・・・・・・・・・・・・・・・・ 46
ナカバヤシ ・・・・・・・・・・・・・・・・・・・・・・・・・・・・ 92
名古屋大学 ・・・・・・・・・・・・・・・・・・・・・・・・・・・ 161
ナトリウム硫黄電池 ・・・・・・・・・・・・・・・・・・・・ 134
ナトリウムイオン電池 ・・・・・・・・・・・・・・ 143, 145
鉛蓄電池 ・・・・・・・・・・・・・・・・・・・・・・・・・ 21, 104
ニカド電池 / ニッカド電池 ・・・・・・・・・ 21, 98, 110
二酸化マンガンリチウム電池
 ・・・・・・・・・・・・・・・・ 57, 61, 80, 84, 86, 92, 132
二次電池 ・・・・・・・・・・・・・・・・・・・・・・ 20, 60, 97
ニッケル鉄電池 ・・・・・・・・・・・・・・・・・・・・・・・・ 98
ニッケル系一次電池 ・・・・・・・・・・・・・ 21, 54, 57, 72
ニッケル水素電池 ・・・・・・・ 21, 60, 61, 98, 112, 220, 221, 240
ニッケルマンガン電池 ・・・・・・・・・・・・・・・・・・・ 72
日産 ・・・・・・・・・・・・・・・・ 177, 217, 233, 234, 242
日本ガイシ ・・・・・・・・・・・・・・・・・・・・・・・・・・・ 134
日本救命器具社 ・・・・・・・・・・・・・・・・・・・・・・・・ 93

日本ケミコン･････････････････････ 141
日本工業標準調査会･･････････････ 56
日本電気･･････････････････････････ 181
日本電池工業会･･････････････････ 156
ニューサンシャイン計画･･････････ 184
入力･････････････････････････････ 48
ネクセル･････････････････････ 76, 89
熱電変換デバイス･･････････････････ 94
熱発電チューブ･･････････････････ 95
燃料極･････････････････････････ 151
燃料電池･････････････････････ 21, 149
燃料電池自動車･･････････ 157, 176, 216
燃料電池普及協会･･･････････････ 174
濃度分極･････････････････････････ 47

ハ行

バイオ電池･････････････････････ 20
バイオ燃料電池･･･････････････ 178
売電事業･･･････････････････････ 187
ハイブリッドキャパシタ･･･････････ 141
ハイブリッド車･･････ 113, 216, 218, 219, 221
ハイブリッド車 - シリーズ・パラレル型････ 230
ハイブリッド車 - シリーズ型･････････････ 230
ハイブリッド車 - パラレル型･･･････････ 230
ハイレート･････････････････････ 75
バグダッド電池････････････････ 26
薄膜････････････････････ 195, 196
箱型･･･････････････････････ 140
白金･･････････････････････ 49, 159
パック･･････････････････････ 241
バッテリー500･･････････････････ 144
バッテリーマネージメントシステム ･･････ 238
発電効率････････････････････ 153
バナジウム・ニオブ・リチウム二次電池･･･ 133
バナジウムリチウム二次電池･････････ 133
パナソニック･･････ 17, 66, 69, 72, 84, 86, 95, 112, 118, 175, 207, 242
パネル･････････････････････ 186
バラード・パワー・システムズ･･･････ 175
バルク････････････････････ 195, 196
パルス充電･･･････････････ 102, 125
パワーコンディショナー･･････････ 186, 201
ハンディ型燃料電池･･････････････ 169
半電池式･･･････････････････ 36
バンドギャップ･･････････････････ 193
バンド構造･･････････････････ 35, 190
半反応式･･････････････････････ 36
ハンフリー・デービー･････････････ 150
光吸収端波長･･････････････････ 193
ピークシフト･････････････････ 12
微結晶シリコン･･････････････ 196, 199
微結晶タンデム型･･･････････････ 207
非接触充電･････････････････ 146
日立製作所････････････ 172, 240, 242
日立ビーグルエナジー････････････ 242
日立マクセル･･････ 66, 74, 85, 112, 146, 242
日立マクセルエナジー･･････････ 17, 88
標準電極電位･････････････････ 42
ピン型･･････････････････ 55, 83
ファーストソーラー･･･････ 181, 183, 208
ファラデー定数･････････････････ 38
フィット･････････････････････ 232
負極･････････････････････････ 37
複合発電システム･･････････ 157, 168
副生水素･････････････････････ 154
藤樹ビジネス研究所･････････････ 219
富士経済････････････････････ 197
富士通･････････････････････ 66, 69
富士電機･････････････ 157, 162, 164
普通充電････････････････ 100, 244
フッ化黒鉛リチウム電池･･････ 57, 61, 80, 86, 91
物理電池･････････････････ 20, 94
部分酸化改質法･･････････････ 154
プライムアースEVエナジー･･････ 239, 242
プラグインハイブリッド車････ 216, 219, 221, 234
ブランテ････････････････････ 98, 104
プリウス････････････････ 218, 221, 231, 234
フーリエ････････････････････ 178
ブルーエナジー･････････････ 175, 242
プレミアムG･････････････････ 67, 69
フロート充電･････････････････ 102
分極･････････････････････････ 46
分散型電源･････････････････ 166
ペースト式･････････････････ 106
ペースメーカー･････････････ 90
ペーパー型･････････････････ 55
ベル研究所･･･････････････ 181
ヘレンセン･･･････････････ 32
変換効率････････････････ 180, 193
ベント形･････････････････ 108
ボーイング････････････････ 166, 239

用語索引

放電 ･････････････････････ 24, 99, 100
放電曲線 ･･･････････････････････ 25
放電深度 ･･････････････････ 24, 117
放電特性 ･･････ 65, 70, 72, 74, 76, 85, 87, 88
放電レート ･･･････････････････････ 24
ボタン型 ･･･････････････ 55, 56, 60
補聴器 ･･････････････････････････ 76
ポリイミドセパレーター ････････････ 133
ホール ･･･････････････････ 191, 192
ボルタ / ボルタ電池 ･･････････ 10, 28
ボルテージ ･･･････････････････････ 67
ホンダ ･･･････････ 176, 231, 232, 233, 242

マ行

マイクロ SOFC ･･･････････････････ 169
マイクロハイブリッド ･････････････ 231
マイルドハイブリッド ･････････････ 231
マグネシウムイオン電池 ･･････････ 143
マグネシウム空気電池 ････････ 78, 143
松下電池工業 ･････････････････････ 98
マンガン乾電池 ･･･････ 21, 54, 57, 59, 64
ミシガン大学 ･････････････････････ 94
水電池 ････････････････････････････ 92
三菱化学 ････････････････････････ 211
三菱自動車 ･･････････ 223, 234, 242, 246
三菱重工 ･･････････････････ 157, 168
三菱商事 ････････････････････････ 242
三菱電機 ･････････････････････････ 67
密閉型 ･･････････････････････････ 108
無機固体電解質 ･･･････････････････ 52
無線充電 ････････････････････････ 146
ムーンライト計画 ･････････････････ 150
メモリー効果 ････････････････････ 111
モジュール ･･･････････････ 186, 240

ヤ行

屋井先蔵 ･････････････････････････ 32
屋根貸し事業 ････････････････････ 187
矢野経済研究所 ･･･････････････････ 16
有機薄膜太陽電池 ･･･････ 181, 196, 199, 211
有機物太陽電池 ･･････････ 196, 199, 210
誘導モーター ･･･････････････････ 228
ユタ大学 ･････････････････････････ 94
ユングナー ･･･････････････････････ 98

ヨウ素リチウム電池 ･･････････ 90, 91
溶融塩 ････････････････････････････ 51
溶融炭酸塩型燃料電池 ･･･････ 159, 165
吉野彰 ･･････････････････････････ 118

ラ行

ライス大学 ･･････････････････････ 127
ラプロス ･････････････････････････ 12
ラミネート型 ････････････････････ 121
リチウムイオン電池 ･･･ 16, 21, 118, 120, 220, 222, 240
リチウムイオン電池 - 国別シェア ････ 17
リチウムイオン電池 - コスト ･･･････ 18
リチウムイオン電池 - メーカー別シェア ･･･ 17
リチウムイオンポリマー電池 ･･･････ 130
リチウムエナジージャパン ････････ 242
リチウム空気電池 ･･････････ 78, 142
リチウム電池 ･･････ 21, 54, 57, 59, 60, 80
リチウム - 銅二次電池 ･･･････････ 144
リチウムポリマー電池 ･･･････････････ 21
リーフ ･･･････････････ 217, 222, 219, 234
硫化鉄リチウム電池 ･･･････････ 57, 91
量子ドット太陽電池 ･･･････ 181, 199, 212
量子ドット太陽電池 - 多重励起子生成型 ････ 213
量子ドット太陽電池 - タンデム接合型 ･･････ 213
量子ドット太陽電池 - 中間バンド ･･･････ 212
リン酸型燃料電池 ･･････････ 159, 162
ルクランシェ電池 ･･･････････ 31, 64
レドックス・フロー電池 ･･･････････ 136
ロジックデバイス ･････････････････ 89
ローレート ･･･････････････････････ 75

ワ行

ワイヤレス充電 ･････････････ 146, 246
早稲田大学 ･･････････････････････ 247

■著者紹介

福田京平(ふくだ・きょうへい)
1971年 東京大学理学系研究科修士課程(物理学専攻)修了。
同年日立製作所入所、家電研究所等でテレビ、テレビカメラ等の研究・開発に従事。
1991年 徳島文理大学に移動、工学部電子情報工学科教授。
2012年 定年退職(現在、藤沢市在住)

●主な著書

『大画面ディスプレイ』(共立出版、共著)
『プラスチックレンズの技術と応用』(CMC出版、共著)
『プロジェクターの最新技術』(CMC出版、共著)
『電気が一番わかる』(技術評論社)
『光学機器が一番わかる』(技術評論社)

●装　丁　　　中村友和(ROVARIS)
●作図＆DTP　朝日メディアインターナショナル株式会社

しくみ図解シリーズ
電池のすべてが一番わかる
2013年10月25日　初版　第1刷発行

著　　者	福田京平
発行者	片岡　巌
発行所	株式会社技術評論社
	東京都新宿区市谷左内町 21-13
	電話
	03-3513-6150　販売促進部
	03-3267-2270　書籍編集部
印刷／製本	株式会社加藤文明社

定価はカバーに表示してあります

本書の一部または全部を著作権法の定める範囲を超え、無断で複写、複製、転載、テープ化、ファイル化することを禁じます。

©2013　福田京平

造本には細心の注意を払っておりますが、万一、乱丁(ページの乱れ)や落丁(ページの抜け)がございましたら、小社販売促進部までお送りください。送料小社負担にてお取り替えいたします。

ISBN978-4-7741-5981-2　C0054

Printed in Japan

本書の内容に関するご質問は、下記の宛先まで書面にてお送りください。お電話によるご質問および本書に記載されている内容以外のご質問には、一切お答えできません。あらかじめご了承ください。
〒162-0846
新宿区市谷左内町 21-13
株式会社技術評論社　書籍編集部
「しくみ図解シリーズ」係
FAX：03-3267-2269